小不点巧打扮系列

# 超炫民族风儿童毛衣

李意芳 著

中国纺织出版社

## 目　录

| | | |
|---|---|---|
| 01　碧荷…………3/41 | 21　海鸥…………17/72 | 41　小青龙…………33/105 |
| 02　酢浆草…………4/43 | 22　火红的日子…………18/73 | 42　阿郎…………34/107 |
| 03　春之协奏…………4/44 | 23　梅花…………19/75 | 43　吉祥花…………35/108 |
| 04　凤凰语…………5/45 | 24　民族风情…………20/77 | 44　侧面…………35/110 |
| 05　石头花…………6/47 | 25　小书生…………21/79 | 45　海涛…………36/111 |
| 06　阿胜…………6/48 | 26　山丹丹…………21/80 | 46　春天里的阳光…………37/112 |
| 07　江南女孩…………7/49 | 27　蝴蝶…………22/82 | 47　菱形…………37/113 |
| 08　蒲公英…………8/51 | 28　小家碧玉…………23/84 | 48　金鱼…………38/114 |
| 09　吉祥云朵…………9/53 | 29　秋天…………24/86 | 49　火鸟…………39/116 |
| 10　春晖…………10/54 | 30　花枝…………25/87 | 50　唐风…………40/117 |
| 11　小蔷薇…………11/57 | 31　花之韵…………26/88 | |
| 12　幸运彩绳…………12/59 | 32　儒雅…………27/90 | ・编织符号…………119 |
| 13　阿瓦情歌…………12/60 | 33　小桃…………27/92 | |
| 14　蝶与花…………13/61 | 34　小师兄…………28/94 | |
| 15　阿瓦…………13/63 | 35　波澜…………28/96 | |
| 16　吉祥妹妹…………14/64 | 36　花边…………29/98 | |
| 17　阳光小子…………14/66 | 37　织秋…………30/100 | |
| 18　山花…………15/67 | 38　向上…………31/101 | |
| 19　瑶山兄弟…………16/69 | 39　摇篮…………32/103 | |
| 20　东海旭日…………17/71 | 40　朱玉…………33/104 | |

# 01 碧荷

编织方法见第 41 页

编织方法见第 43 页

02 酢浆草

编织方法见第 44 页

03 春之协奏

# 04 凤凰语

编织方法见第 45 页

## 05 石头花

编织方法见第 47 页

## 06 阿胜

编织方法见第 48 页

# 07 江南女孩

编织方法见第 49 页

08 蒲公英

编织方法见第51页

09 吉祥云朵

编织方法见第 53 页

# 10 春晖

编织方法见第 54 页

编织方法见第59页

12 幸运彩绳

编织方法见第66页

13 阿瓦情歌

14 蝶与花

编织方法见第 61 页

15 阿瓦

编织方法见第 63 页

16 吉祥妹妹

编织方法见第64页

编织方法见第66页

17 帅小子

# 山花

方法见第 67 页

# 19 瑶山兄弟

编织方法见第69页

## 22 火红的日子

编织方法见第 73 页

## 23 梅花

编织方法见第 75 页

# 24 民族风情

编织方法见第 77 页

25 小书生

编织方法见第 79 页

26 山丹丹

编织方法见第 80 页

# 27

## 蝴蝶

## 28 小家碧玉

编织方法见第84页

29 秋天

编织方法见第86页

## 30 花枝

编织方法见第 87 页

# 31 花之韵

# 32 儒雅

编织方法见第 90 页

# 33 小桃

编织方法见第 92 页

## 34 小师兄

编织方法见第94页

## 35 波澜

编织方法见第96页

## 37 织秋

编织方法见第 100 页

# 38 向上

编织方法见第 101 页

39 摇篮

编织方法见第103页

40 朱玉

编织方法见第 104 页

41 小青龙

编织方法见第 105 页

## 42 阿郎

编织方法见第 107 页

## 43 吉祥花

编织方法见第 108 页

## 44 侧面

编织方法见第 110 页

## 45 海涛

编织方法见第 111 页

# 46 春天里的阳光

编织方法见第 112 页

# 47 菱形

编织方法见第 113 页

## 48 金鱼

编织方法见第114页

49 火鸟

织方法见第 116 页

# 碧荷

编织材料：中粗羊毛线　草绿色250g，浅绿色100g，粉红色20g，深粉红、黑绿色少量
编织工具：4.0mm棒针、3.5mm钩针、3.25mm钩针
编织密度：21针×27行/10cm×10cm
成品尺寸：衣长51cm、肩背宽30cm、袖口16cm
编织方法：此款毛衣的难点是过肩图案的编织。由于加针和换线比较频繁，所以注意花样变化的规律及渡线的均匀、平坦无皱。首先编织过肩（可以分开前后片编织也可以圈织），接着编织左前、右前及后身片并缝合好（注意肋下花样对齐、无皱）。再编织门襟。最后编织领口、下摆及袖口缘边。

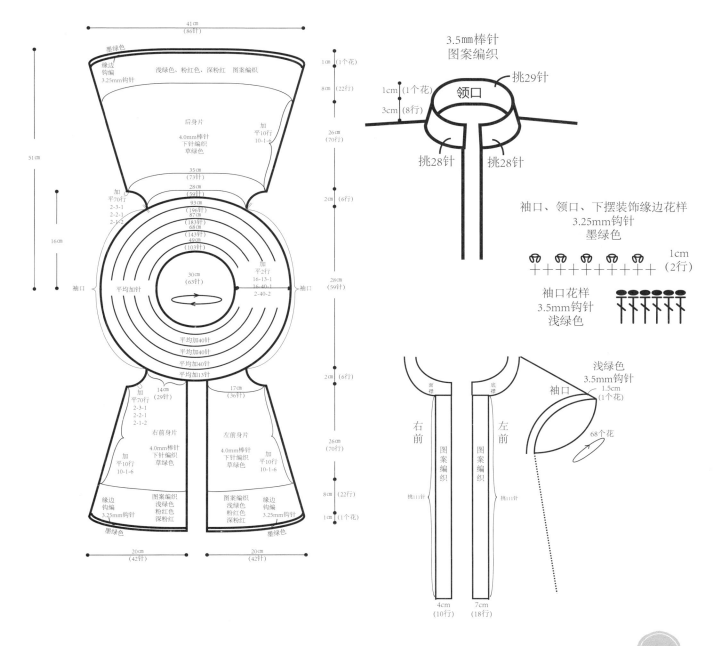

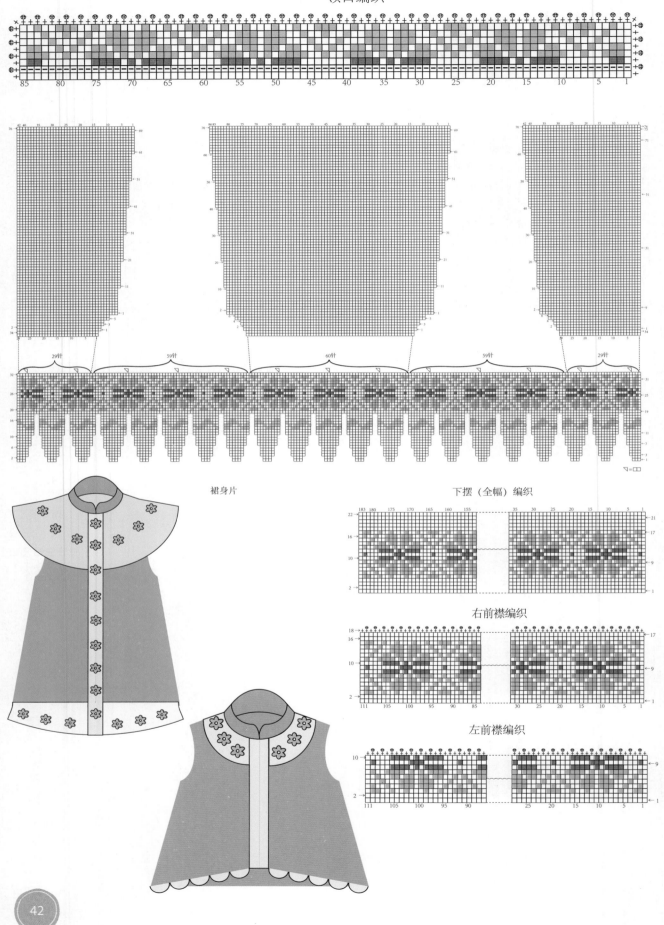

# 酢浆草

**编织材料**：中粗羊毛线　棕色80g、粉色20g、枣红20g、黄色15g、绿色5g、橙红20g
**编织工具**：3.5mm、4.0mm棒针
**编织密度**：21针×27行/10cm×10cm
**成品尺寸**：衣长31cm、下摆围103cm、领口围39cm
**编织难点**：此款毛衣的难点是图案。由于花样多、加针频密，要特别注意加针的规则和色线变换及渡线均匀。首先从领口向下编织至合适高度，编织时注意渡线均匀、花样平坦无皱。接着编织领片，最后钩领口缘边。

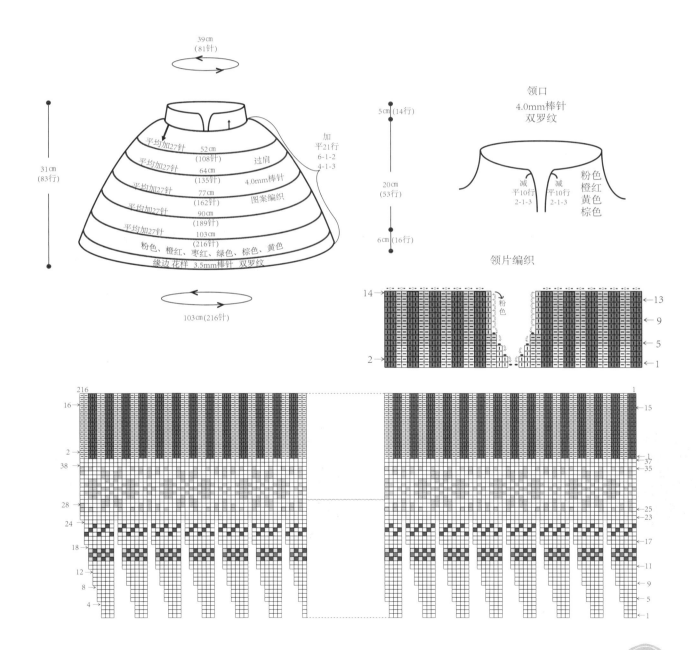

# 03 春之协奏

**编织材料**：中粗羊毛线　白色100g、大红色40g、绿色25g、黄色少量
**编织工具**：3.5mm、4.0mm棒针
**编织密度**：21针×22行/10cm×10cm
**成品尺寸**：衣长37cm、下摆围114cm、领口围46cm
**编织难点**：此款毛衣的难点是图案。由于花样多、加针频密，要特别注意加针的规则和色线变换及渡线均匀。首先从领口向下编织至合适高度，编织时注意渡线均匀、花样平坦无皱。接着编织领片，最后钩领口缘边。

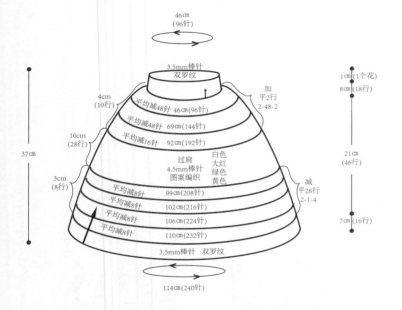

领口编织

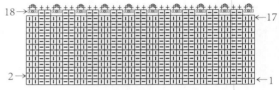

下摆编织

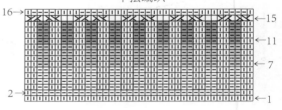

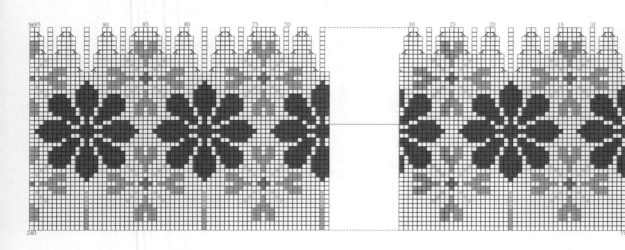

# 04 凤凰语

**编织材料：** 中粗羊毛线 淡青色300g，海青色40g，棕色、黄色、玫红色、蓝色、绿色等少量
**编织工具：** 4.5mm棒针、3.75mm钩针
**成品尺寸：** 衣长48.5cm、胸宽34cm、肩宽25cm、袖长34.5cm
**编织密度：** 21针×28行/10cm×10cm
**编织方法：** 此款毛衣编织的难点是图案，建议分线、分区块编织（作品中图案为针绣）。首先分别将前、后身片编织好并缝合，编织好前身片后可绣上图案。接着编织左、右袖片并缝合（左、右袖片编织好时可将装饰物固定好），缝合时注意花样对齐、平整。然后编织下摆缘边。最后编织领口及袖口缘边。

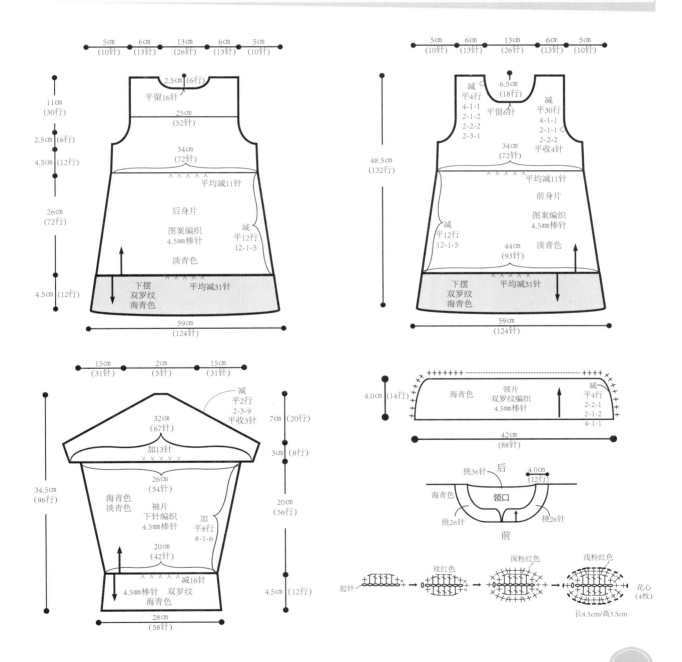

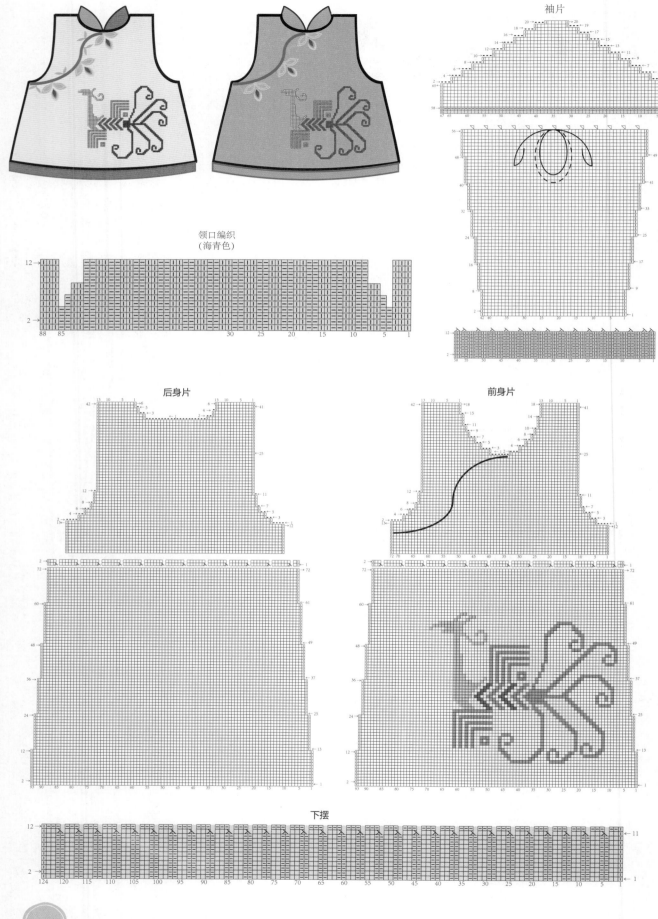

# 石头花

**编织材料**：中细羊毛线　蓝灰色240g、黄色20g、海蓝色20g、橙色少量
**编织工具**：4.0mm棒针、3.5mm棒针、3.0mm钩针
**成品尺寸**：衣长37.5cm、胸宽35cm、肩宽26cm、袖长37.5cm
**编织密度**：21针×27行/10cm×10cm
**编织方法**：此款毛衣编织的难点是图案。首先分别将左、右前身片及后身片编织好并缝合，缝合时注意花样对齐、平整。接着编织左、右袖子。最后编织领口门襟。

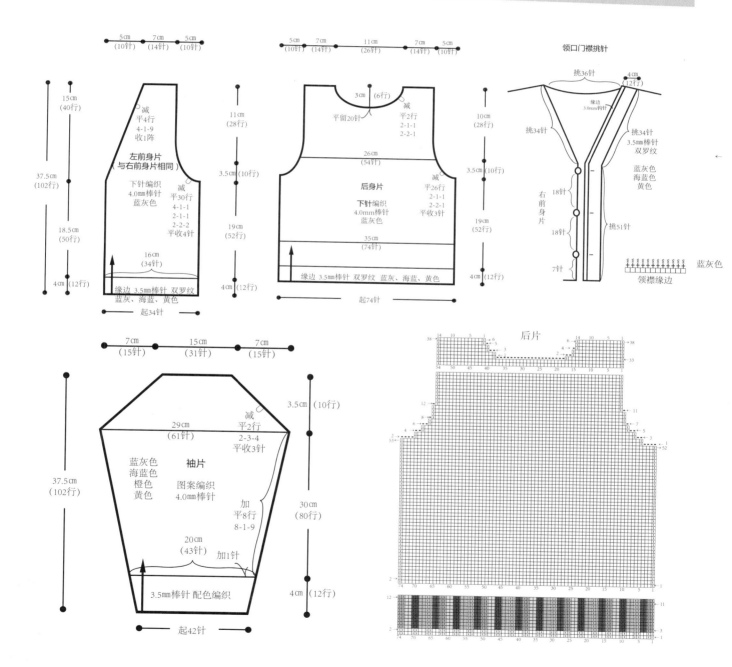

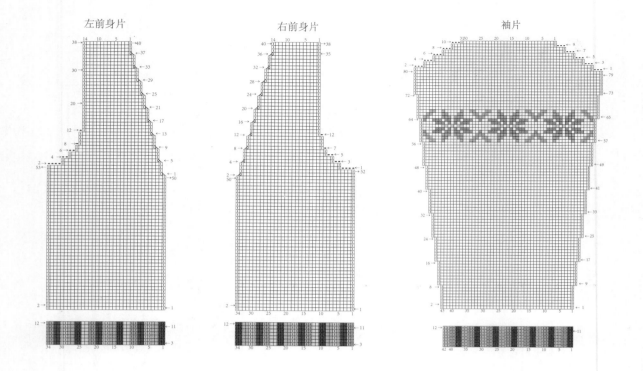

##  阿胜

**编织材料：** 中粗羊毛线　深棕色200g，海蓝色10g，黄色、橙色、大红色、嫩绿色、紫色少量
**编织工具：** 4.0mm棒针、3.5mm钩针
**编织密度：** 21针×27行/10cm×10cm
**成品尺寸：** 衣长36cm、胸宽38cm、肩宽28.5cm
**编织方法：** 此款毛衣的难点是门襟，要注意加针的规律。首先分别将左前、右前及后身片编织好并缝合，缝合时注意花样对齐、平整。接着编织袖口及领口的缘边，最后将装饰物固定好。

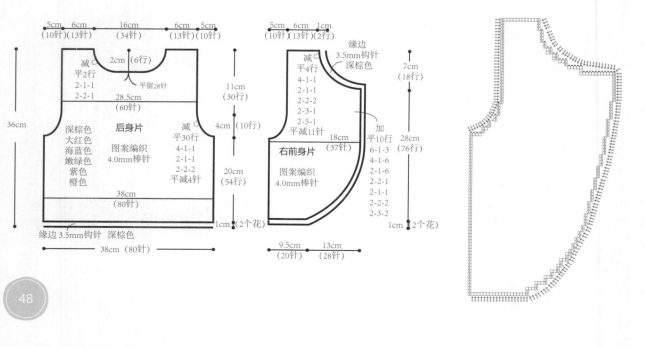

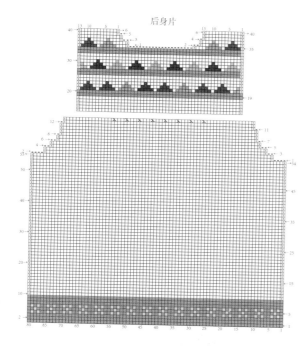
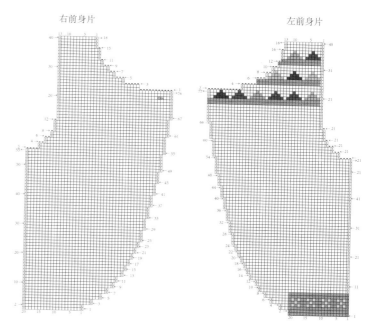

## 07 江南女孩

**编织材料：** 中细羊毛线 粉紫色100g、紫红色150g、大红色少量
**编织工具：** 3.0mm棒针、3.5mm棒针、3.0mm钩针
**编织密度：** 25针×32行/10cm×10cm
**毛衣尺寸：** 衣长51.5cm、裙摆宽47cm、胸宽32cm、肩宽25cm、袖口13.5cm
**编织方法：** 此款毛衣编织的难点是花样，要注意色线变换时手劲松紧适当、渡线均匀。首先分别将前、后身片编织好并缝合，缝合时注意花样对齐、平整无皱。接着编织左、右袖口缘边。再编织领口缘边。最后绣上装饰线。

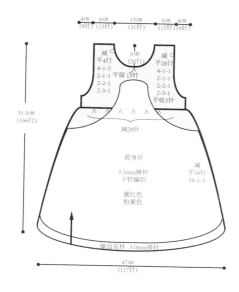
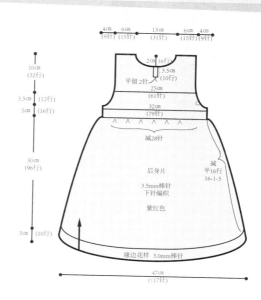

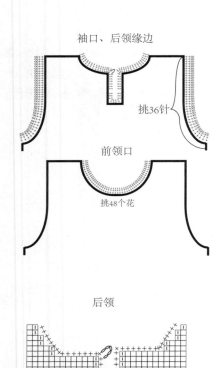
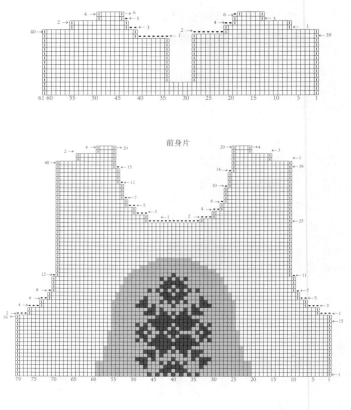

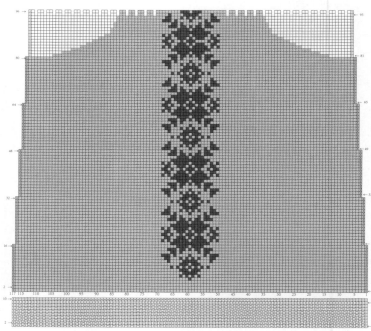

下摆缘边

# 蒲公英

**编织材料：** 中粗羊毛线　枣红色520g，橙色20g，黄色、黑色、绿色少量

**编织工具：** 3.5mm棒针、4.5mm棒针、3.5mm钩针

**成品尺寸：** 衣长58.5cm、胸宽37.5cm、袖长53cm

**编织密度：** 20针×24行/10cm×10cm

**编织方法：** 此款毛衣编织的难点是绣花。首先分别将前、后身片编织好并缝合，缝合时注意花样对齐、平整。接着编织左、右袖片并缝合，缝合时注意花样对齐、平整。再编织领片。最后绣上花样（绣花图案可以在身片、袖片缝合前绣好）。

**小窍门：** 绣花时先将S形中线定好，然后在S形中线的两边绣上花样。按照自己喜欢的疏密度自由发挥。

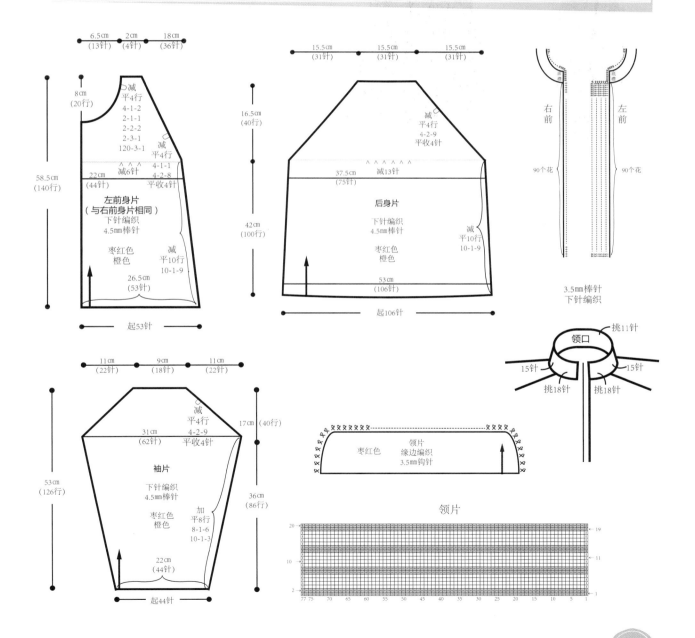

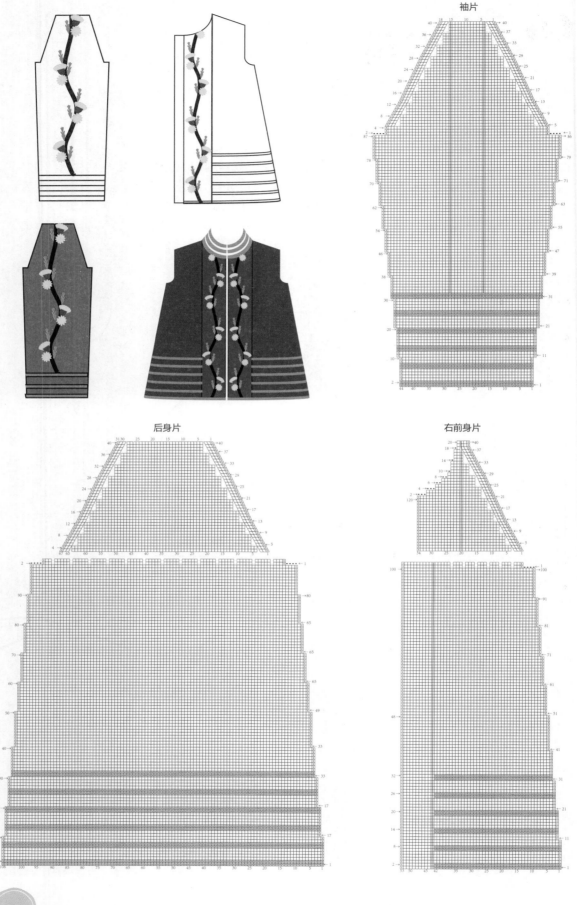

# 09 吉祥云朵

编织材料：中粗羊毛线 蓝紫色260g，粉红色40g，白色15g，玫红、枣红、天蓝色、橙色少量，白色细棉线少量

编织工具：4.0mm棒针，3.75mm、3.25mm钩针

编织密度：21针×27行/10cm×10cm

毛衣尺寸：衣长54cm、裙摆宽49.5cm、胸宽31cm、肩宽24cm、袖口11.5cm

编织方法：此款毛衣编织的难点是图案，要注意色线交换时手劲松紧。首先分别将前、后身片编织好并缝合，缝合时注意花样对齐、平坦无皱。接着编织领口、袖口缘边，最后编装饰物及绣好领口和袖口的装饰边。

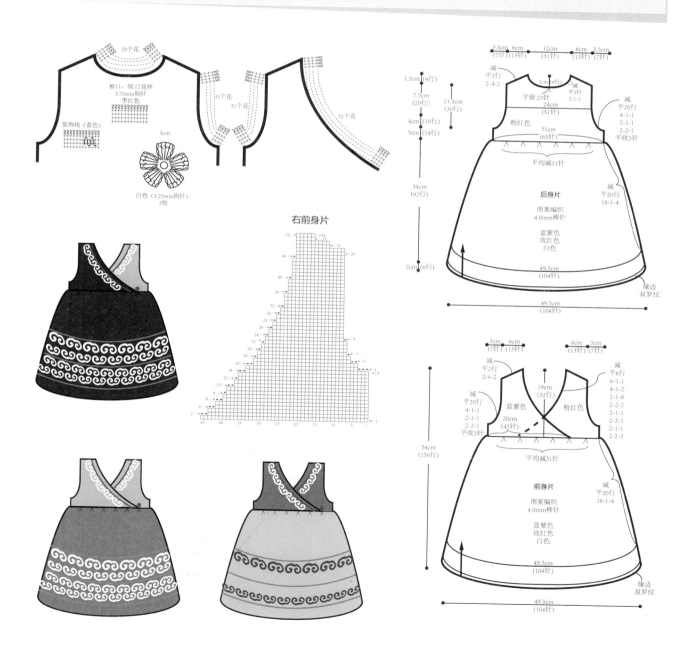

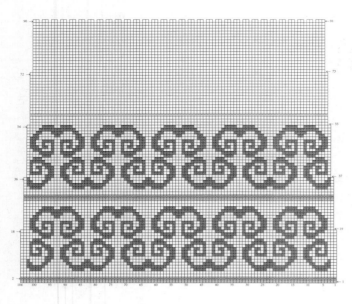
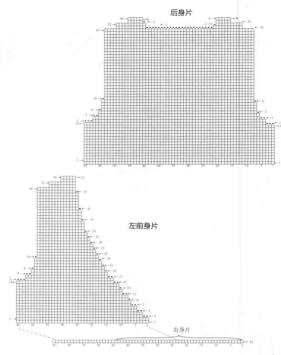

## 10 春晖

**编织材料：** 中粗羊毛线 橙红色100g，白色150g，嫩绿色380g，草青色、青绿色、蓝色少量

**编织工具：** 3.0mm棒针、4.0mm棒针、3.25mm钩针

**编织密度：** 21针×28行/10cm×10cm

**毛衣尺寸：** 裙长63.5cm、胸宽30cm、肩宽24cm、袖长34cm

**编织方法：** 此款毛衣编织的难点是裙摆图案编织。由于颜色较多，编织时注意织片所标示的颜色区别。下摆图案编织可分区块编织或针绣（作品中为棒针编织）。首先分别将前、后身片编织好并缝合，缝合时注意花样对齐、平整。接着编织下摆图案，要注意编织的方向及编织时渡线均匀、花样平坦无皱。再编织左、右袖片并缝合，缝合时注意花样对齐、平整。跟着编织领口缘边，再编织前襟装饰片。最后将装饰扣及装饰片固定好，并绣上装饰线。

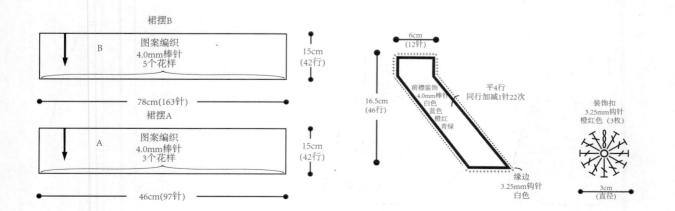

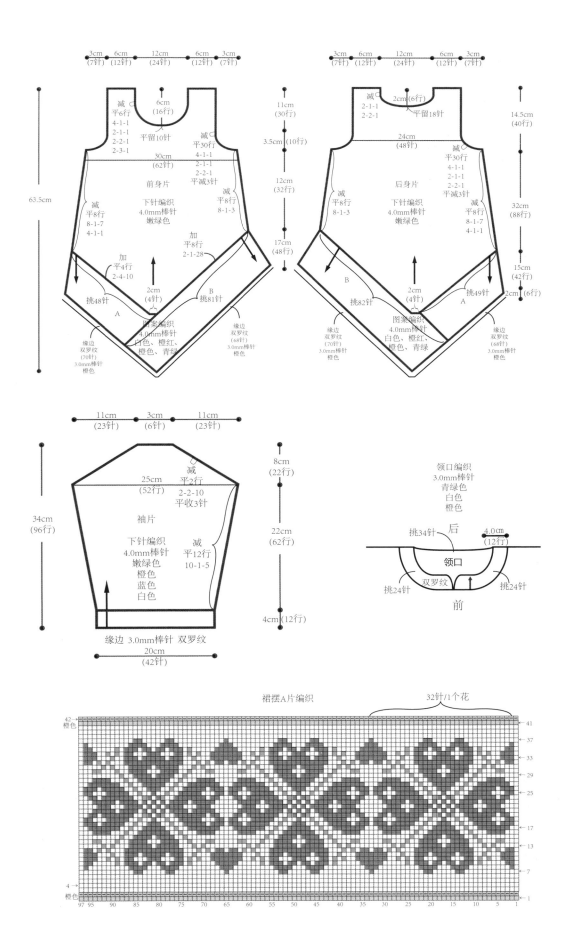

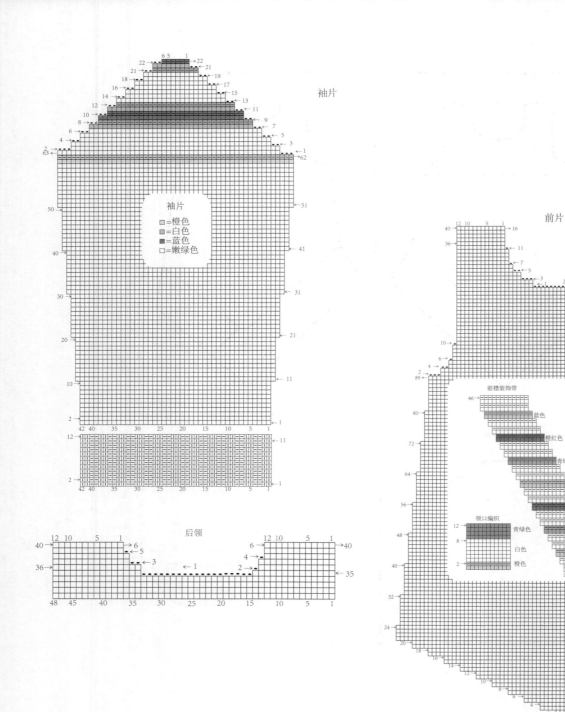
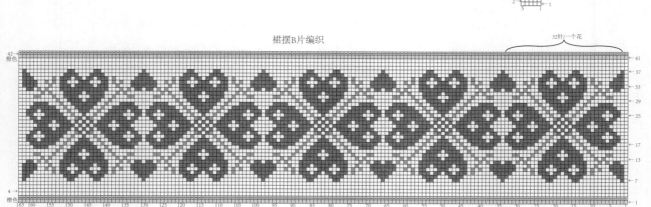

## 小蔷薇

**编织材料**：中粗羊毛线　浅驼色160g、蓝黑色117g、玫红色、大红色、黄褐色、黄色少量
**编织工具**：4.0mm、4.5mm棒针，3.5mm钩针
**编织密度**：22针×25行/10cm×10cm
**成品尺寸**：衣长51cm、胸宽30cm、肩宽24cm、袖口13cm
**编织方法**：此款毛衣编织的难点是装饰物。首先分别将前、后身片编织好并缝合，缝合时注意花样对齐、平整。接着编织左、右袖口。再编织领口缘边和下摆缘边。最后绣好装饰线及把装饰物固定好。

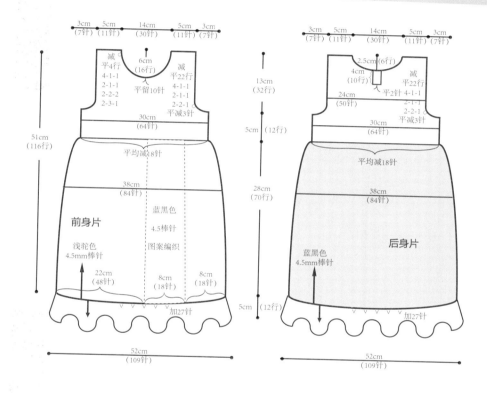

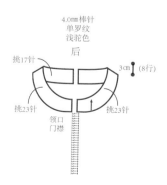

前身片

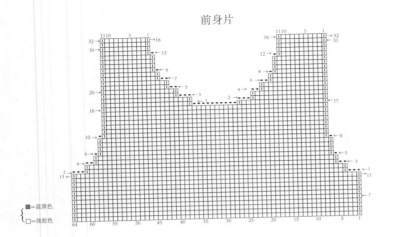

■ = 蓝黑色
□ = 浅驼色

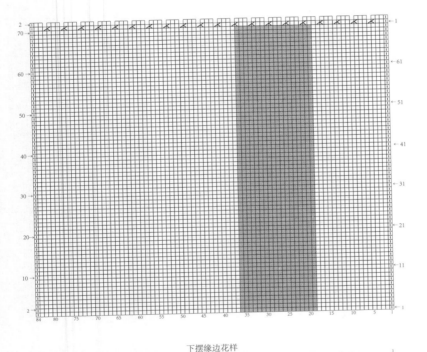

下摆缘边花样

后领

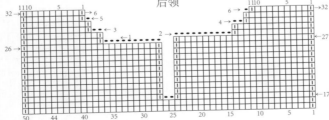

## 12 幸运彩绳

**编织材料：** 中粗羊毛线 蓝黑色190g，深卡其10g，大红、紫色、天蓝、黄色、深棕、绿色少量
**编织工具：** 3.5mm、4.0mm棒针
**成品尺寸：** 衣长40cm、胸宽35cm、肩宽27cm、袖口15cm
**编织密度：** 21针×26行/10cm×10cm
**编织方法：** 此款毛衣编织的难点是肩片装饰与肩线的缝合以及图案编织。首先分别将前后身片编织好并缝合（作品中肩线装饰从后肩原身处编织），接着编织领口及袖口的缘边。图案可以用棒针分线、分区块编织，也可以先用深卡其色编织好后再将色线绣上。

**小窍门：** 1. 肩饰先编织好，然后与前、后身片合肩时一起缝合。 2. 肩饰可以从后身片肩位处换色线编织。编织好后先把前、后肩缝合，再将装饰片在前身片固定好。

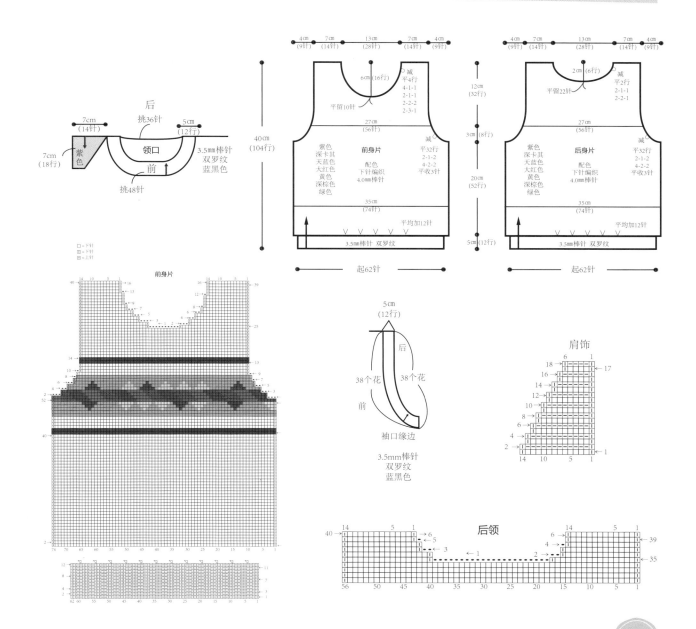

## 13 阿瓦情歌

**编织材料**：中粗羊毛线　海蓝色200g，深棕色30g，大红、黄色20g，橙色、黄色、蓝黑色少量
**编织工具**：3.5mm、4.0mm棒针
**成品尺寸**：衣长39.5cm、胸宽34cm、肩宽26cm、袖长35.5cm
**编织密度**：21针×27行/10cm×10cm
**编织方法**：此款毛衣编织的难点是图案，要注意色线变换的规律及渡线均匀。首先分别将前、后身片编织好并缝合，缝合时注意花样对齐、平整。接着编织左、右袖片并缝合，缝合时注意花样对齐平整。最后编织领口缘边。

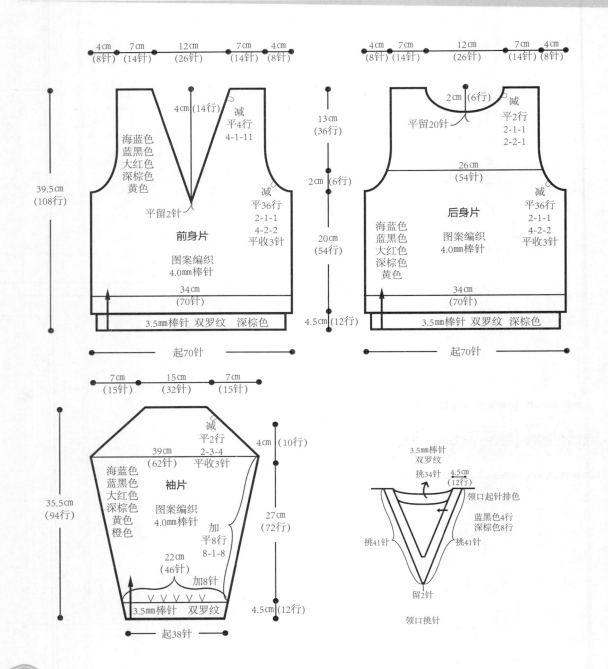

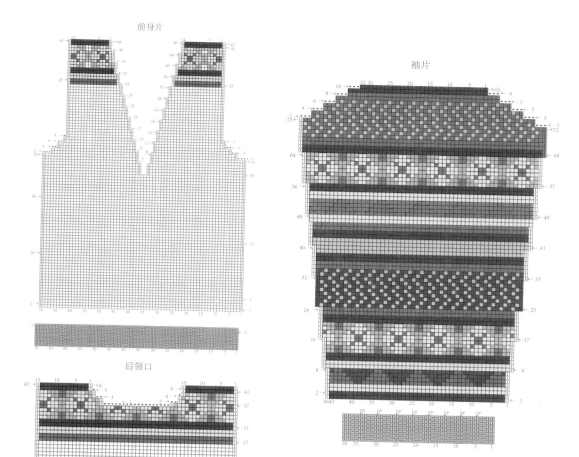

## 14 蝶与花

**编织材料**：中粗羊毛线　粉红色230g、浅灰色10g、白色100g、橙红色15g、海青色少量
**编织工具**：4.0mm棒针、3.75mm钩针
**成品尺寸**：衣长50.5cm、胸宽30cm、肩宽22cm、袖长28cm
**编织密度**：21针×27行/10cm×10cm
**编织方法**：此款毛衣编织的难点是绣花。首先分别将前、后身片编织好并缝合，缝合时注意花样对齐、平整。接着绣好下摆的图案。再编织好左、右袖片并绣好图案后再将其缝合，缝合时注意花样对齐、平整无皱。然后编织领口缘边，最后将装饰物固定好。

下摆图案

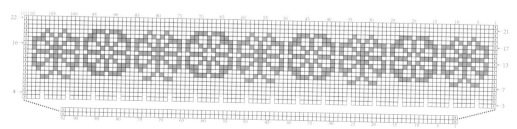

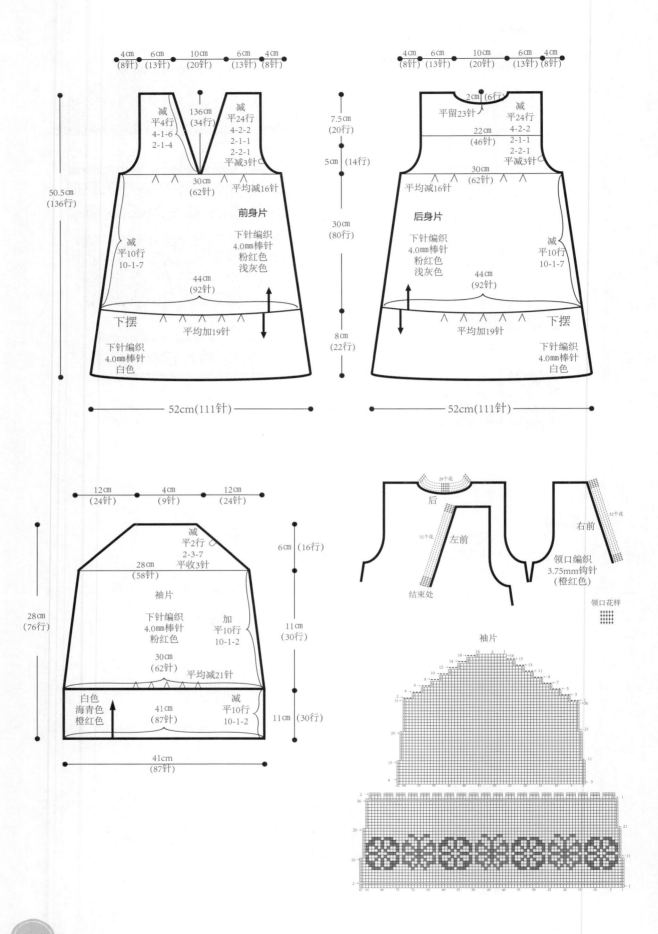

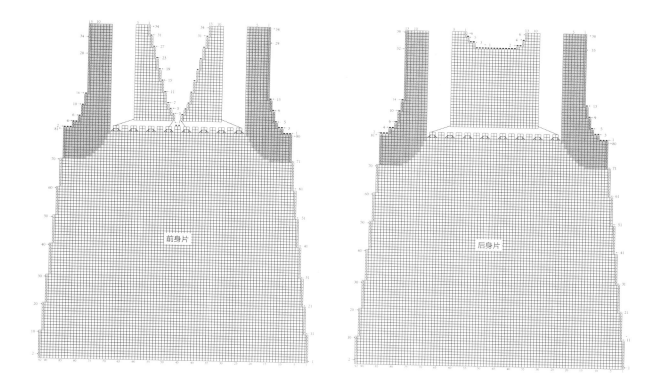

## 15 阿瓦

**编织材料：** 中粗羊毛线 浅绿色140g，蓝色10g，橙色、黄色、深棕色少量
**编织工具：** 3.5mm、4.0mm棒针
**成品尺寸：** 衣长38cm、胸宽33cm、肩宽25cm、袖口15cm
**编织密度：** 22针×26行/10cm×10cm
**编织方法：** 此款毛衣编织的图案建议分线分区块编织或用针绣。首先分别将前、后身片编织好并缝合，缝合时注意花样对齐、平整。接着编织左、右袖口缘边。最后编织领口缘边。

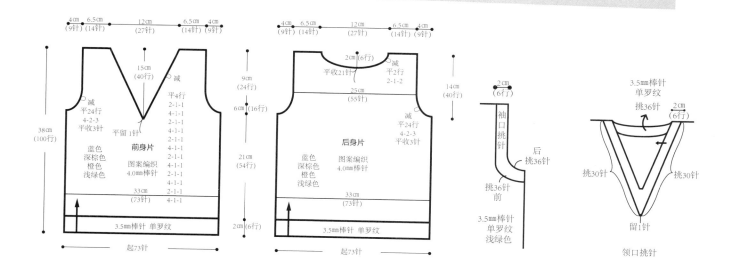

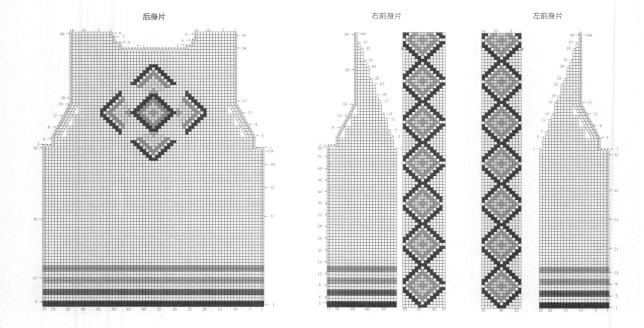

## 16 吉祥妹妹

**编织材料：** 中粗羊毛线 橙色220g，棕色150g，红色、黄色、青色少量
**编织工具：** 4.5mm棒针、4.0mm棒针、3.5mm棒针、3.5mm钩针
**编织密度：** 21针×27行/10cm×10cm
**成品尺寸：** 衣长53.5cm、胸宽30cm、肩宽25cm、袖长38.5cm
**编织方法：** 此款毛衣编织的难点是下摆，要注意加减针的规律。首先分别将前、后身片编织好并缝合。缝合时注意花样对齐、平整。接着编织左、右袖片并缝合，缝合时注意花样对齐平整。再编织左、右领片并将缘边用钩针编织好。然后编织下摆并缝合好。最后装饰物和装饰线绣上。

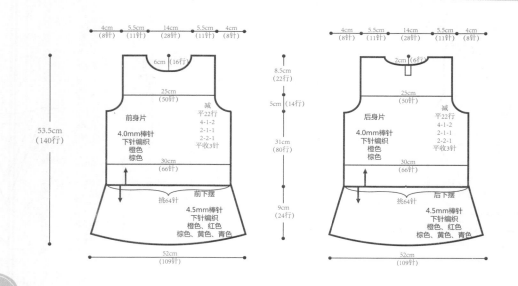

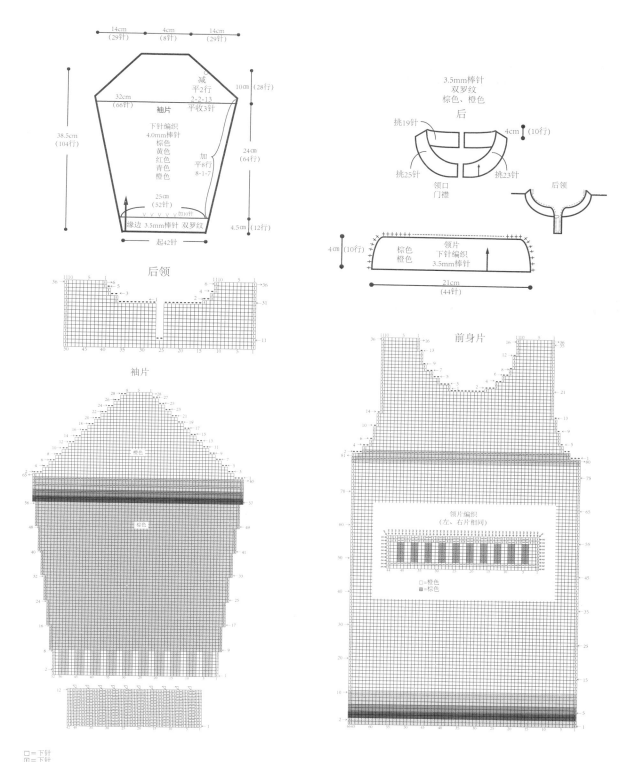
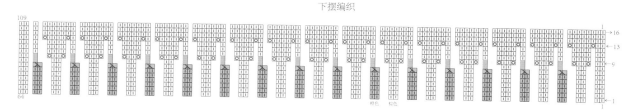

# 17 阳光小子

**编织材料：** 中粗羊毛线　橙色220、棕色40g、深玉色20g、黄色30g、海蓝色20g、大红色20g、深蓝色和海青色少量

**编织工具：** 3.5mm、4.0mm棒针

**编织密度：** 主花样　23针×25行/10cm×10cm

**毛衣尺寸：** 衣长42.5cm、胸宽31cm、肩宽25cm、袖长48cm

**编织方法：** 此款毛衣编织的难点是图案，注意色线互换时手劲的松紧及渡线均匀。首先分别将前、后身片编织好并缝合，缝合时注意花样对齐、平整及边襟的分留。接着编织左、右袖片并缝合，缝合时注意与前后身片对接平整、无皱。最后编织领口缘边。

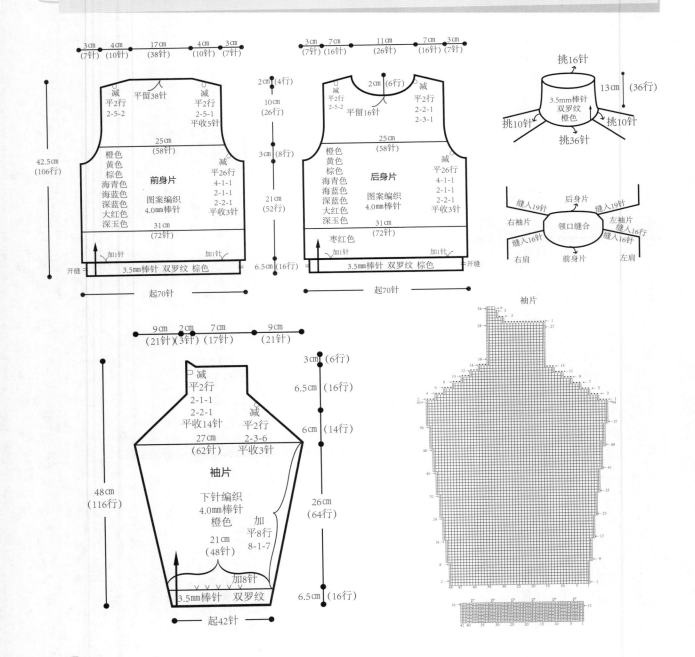

后身片 前身片

## 18 山花

**编织材料**：中粗棉毛线　粉红色170g，海青色20g，玫红色10g，青色、紫色、浅紫色、深紫色、黄绿色、浅蓝色少量

**编织工具**：4.0mm棒针、3.25mm钩针

**编织密度**：23针×30行/10cm×10cm

**毛衣尺寸**：衣长38cm、胸宽32cm、肩宽24cm、袖口14cm

**编织方法**：此款毛衣编织的难点是图案，注意图案色线变化的规律。建议分线分区块编织或针绣（作品中图案为棒针编织和针绣）。首先分别将前、后身片编织好并缝合，缝合时注意花样对齐、平整。接着编织左、右袖口缘边。再编织领口及下摆花样。然后用钩针或绣针将装饰线钩好，最后将装饰花朵固定好并绣上图案。

**小窍门**：胸襟装饰线可先用一条活线在衣服上穿出一条指引线，然后用钩针或绣针跟着指引线钩出线条走向。

领口缘边花样

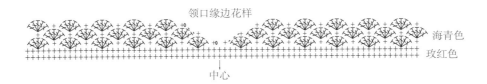

海青色
玫红色

中心

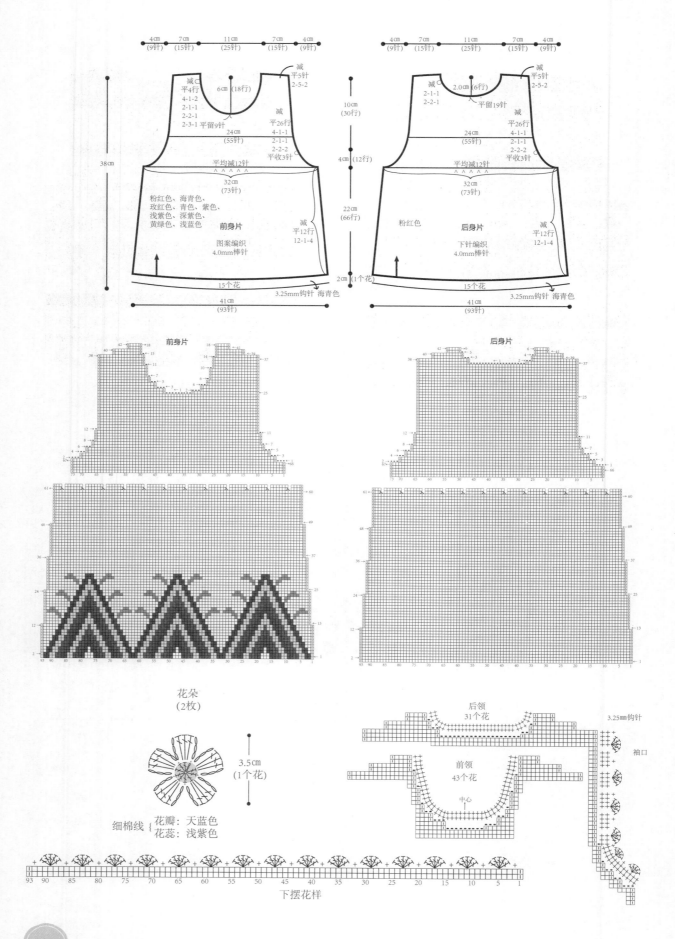

 ## 瑶山兄弟

**编织材料：** 中粗羊毛线　蓝黑色250g、黄色10g、枣红色15g、海蓝色20g、绿色10g、棕色15g

**编织工具：** 3.5mm、4.0mm棒针，3.5mm钩针

**编织密度：** 主花样　21针×27行/10cm×10cm

**毛衣尺寸：** 衣长38.5cm、胸宽33cm、肩宽33cm、袖长31cm

**编织方法：** 此款毛衣编织的难点是图案及袖片与身片的缝合。要注意色线互换时手劲的松紧及渡线均匀。首先起针从下向上编织至合适的高度，注意色线变化的规律及渡线均匀。接着编织左、右袖片并缝合好，缝合时注意花样对齐、平整及边襟的分留。然后编织前、后下摆，最后编织领口缘边。

**小窍门：** 先将袖片的中线及身片中线对应，用活线固定好。接着将身片与袖片对应缝合好后再分别缝合袖片及身片肋下部分。注意边襟需要留出的位置。

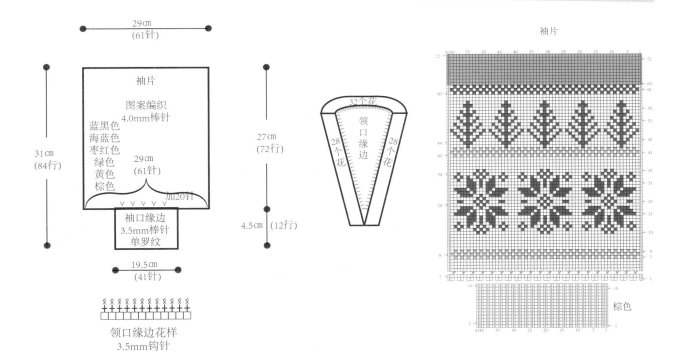

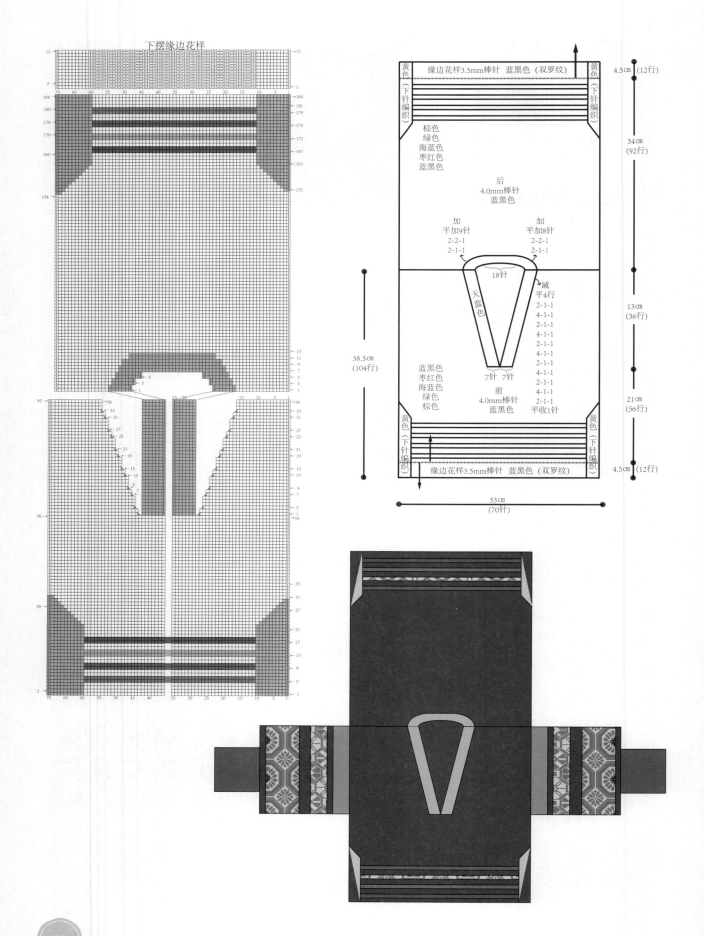

## 东海旭日

**编织材料**：中粗羊毛线　白色170g，蓝色25g，宝蓝色、海青色、橙红色少量

**编织工具**：3.5mm、4.0mm棒针，3.5mm钩针

**编织密度**：21针×27行/10cm×10cm

**毛衣尺寸**：衣长37cm、胸宽35cm、肩宽26cm、袖口14cm

**编织方法**：此款毛衣编织的难点是图案，建议先织好衣片再用绣针绣好图案（本作品中图案为针绣）。首先分别将前、后身片编织好，注意前、后身片下摆色线的不同。接着绣好前身片的图案后将前、后身片肩部、肋下部分缝合好。再编织领口及袖口缘边。最后编织装饰物并将其固定好。

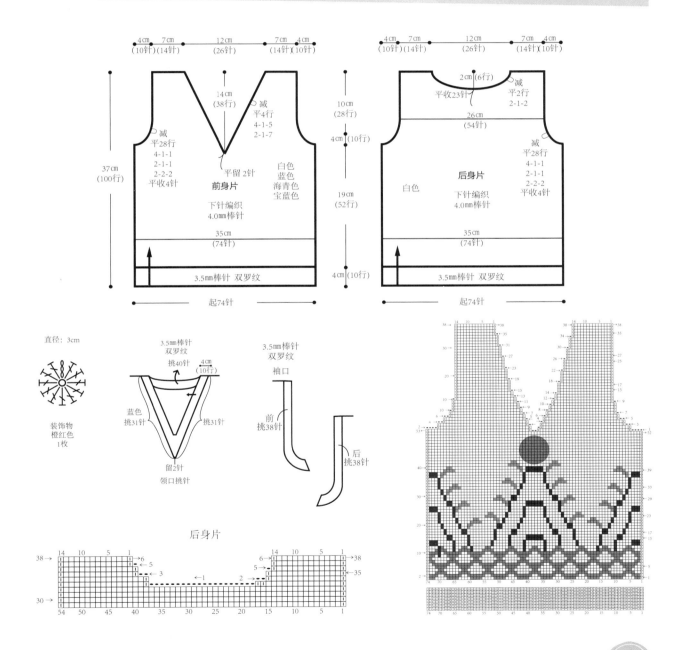

# 海鸥

**编织材料：** 中细羊毛线　灰白色180g，海蓝色30g，海青色、深蓝色、粉红色少量
**编织工具：** 3.5mm棒针、4.0mm棒针
**编织密度：** 23针×29行/10cm×10cm
**毛衣尺寸：** 衣长37cm、胸宽33cm、肩宽25cm、袖长38cm
**编织方法：** 此款毛衣编织的难点是花样（作品中图案为针绣）。首先分别将前、后身片编织好并缝合，接着编织左、右袖片并缝合，再编织领口缘边。

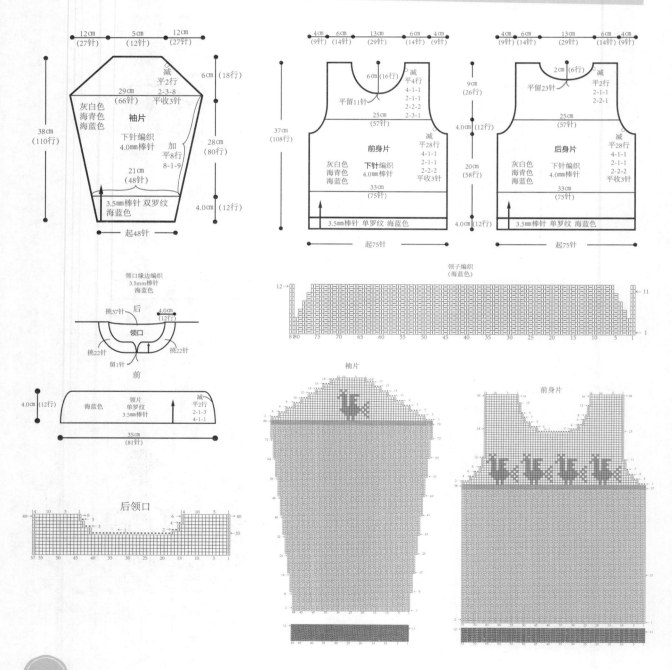

# 火红的日子

**编织材料**：中细羊毛线　枣红色250g，黑色20g，海青色、蓝黑色、浅灰色、黄绿色少量
**编织工具**：3.0mm棒针、3.5mm棒针
**编织密度**：25针×32行/10cm×10cm
**成品尺寸**：衣长70cm、胸宽29cm、肩宽25cm、袖长26.5cm
**编织方法**：此款毛衣编织的难点是图案及边襟的编织。首先分别将前、后身片编织好并缝合，缝合时注意花样对齐、平整。接着编织左、右袖片并缝合，缝合时注意花样对齐、平整。再编织下摆缘边。然后编织领襟及门襟的缘边。最后用钩针将装饰线钩上，并将装饰物固定好。

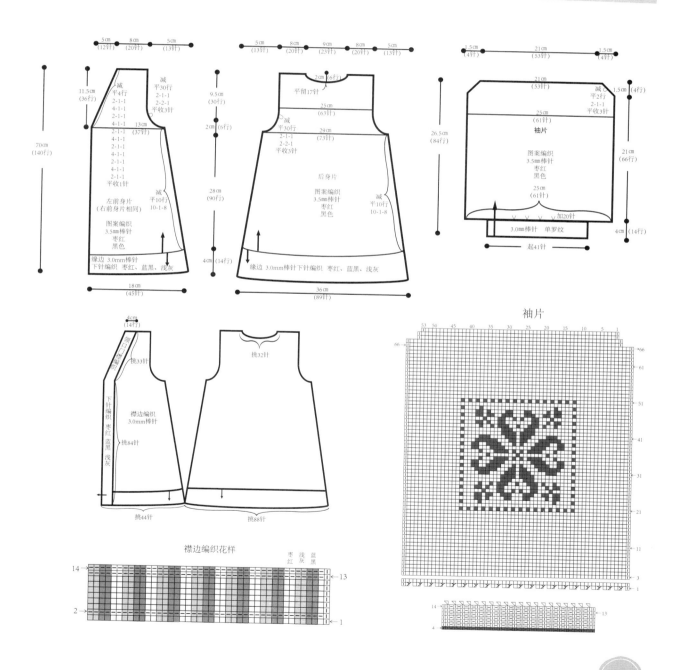

后身片　　　　　　　左前身片
　　　　　　　　　（与右前身片相同）

# 梅花

**编织材料：** 中粗羊毛线　粉红色450g，浅灰色30g，粉紫色、绿色、深枣红、粉玉色少量
**编织工具：** 4.5mm棒针、3.0mm棒针、3.5mm钩针、3.25mm钩针
**编织密度：** 21针×23行/10cm×10cm
**成品尺寸：** 衣长62cm、前胸宽41cm、后胸宽25cm、过肩高23.5cm、袖长35cm
**编织方法：** 此款毛衣编织的难点是过肩，要注意加减针的位置及规律。首先编织好过肩，接着在过肩上挑针分别将前、后身片编织好，并缝合。缝合时注意花样对齐、平整。再在过肩的袖窿处挑针分别将左、右袖片编织好并缝合。然后编织领口装饰物，最后编织好其他装饰物并将其一一固定好。

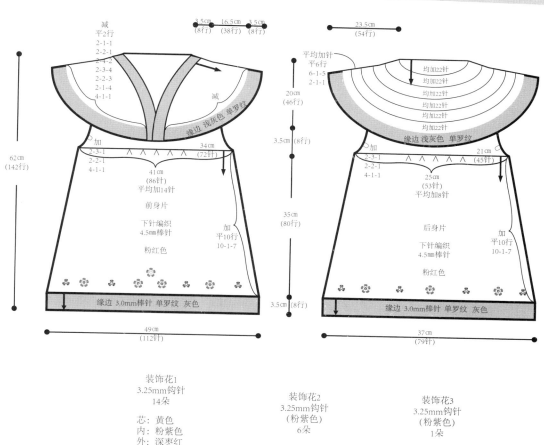

装饰花1
3.25mm钩针
14朵

芯：黄色
内：粉紫色
外：深枣红

直径：7cm

装饰花2
3.25mm钩针
（粉紫色）
6朵

直径：4cm

装饰花3
3.25mm钩针
（粉紫色）
1朵

直径：4cm

绿色装饰带

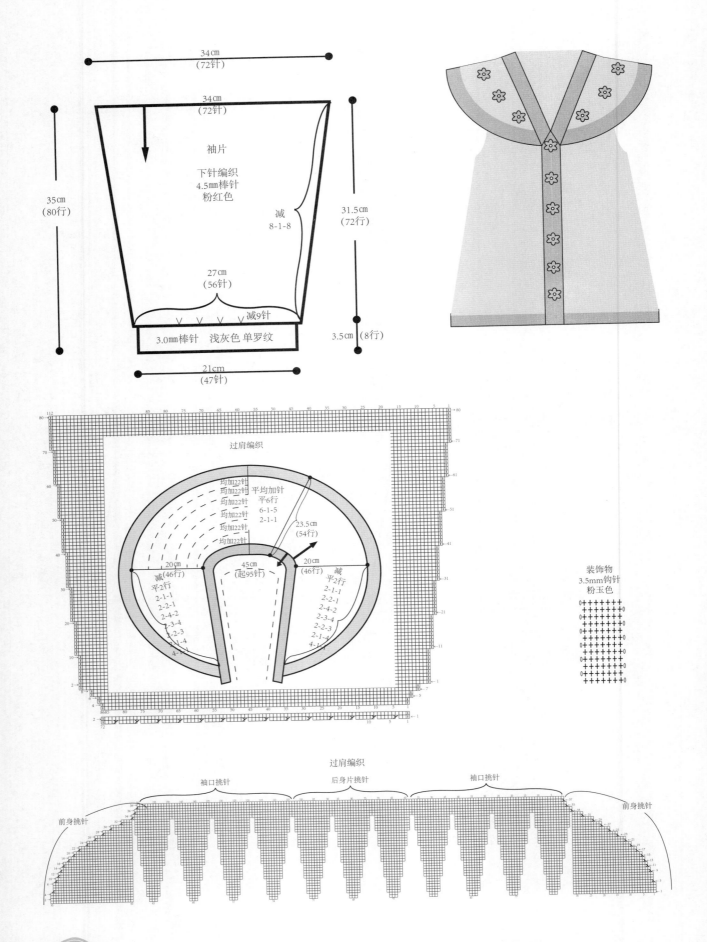

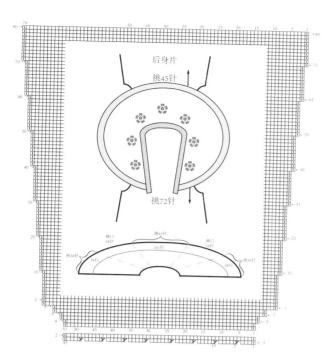
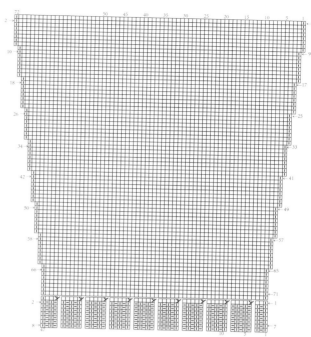

## 24 民族风情

**编织材料：** 中粗羊毛线 棕色80g、紫色30g、红色30g、黄色250g、海蓝色少量
**编织工具：** 3.5mm、4.0mm棒针，3.5mm钩针
**编织密度：** 21针×27行/10cm×10cm
**毛衣尺寸：** 衣长61cm、裙摆宽53cm、胸宽35cm、肩宽25cm、袖口14cm
**编织方法：** 此款毛衣编织的难点是领口、下摆的缘边编织。首先分别将前、后身片编织好并缝合。接着编织左、右袖口。再编织领口和下摆缘边。然后编织装饰物，最后绣上装饰并固定好装饰物。

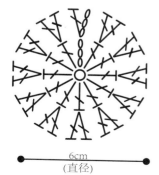

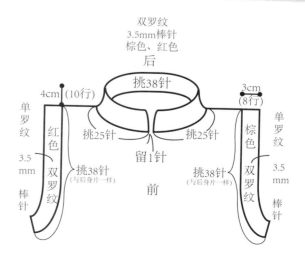

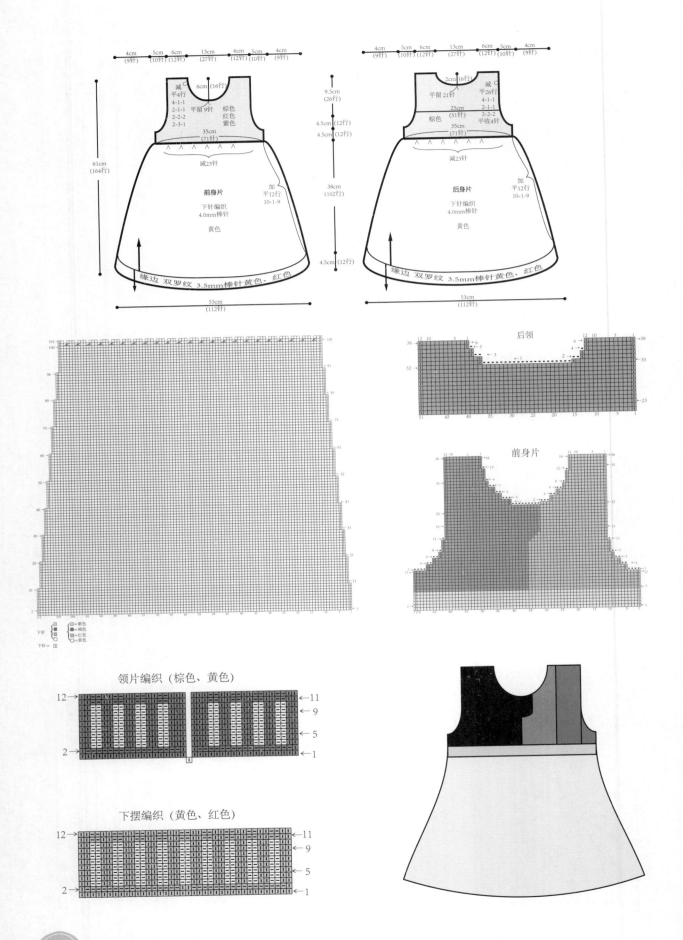

# 小书生

**编织材料：** 中粗羊毛线　卡其色190g、水绿色140g、蓝黑色22g
**编织工具：** 4.5mm、3.5mm棒针
**成品尺寸：** 衣长45cm、胸宽35cm、肩宽27cm、袖长48cm
**编织密度：** 21针×26行/10cm×10cm
**编织方法：** 此款毛衣编织的难点是领片和袖子的缝合。首先分别将前身片、后身片编织好并缝合，缝合时注意对齐、平整无皱。接着编织好左右袖片并缝合。最后编织领片，并将其固定好。
**小窍门：** 领片固定时可先用活线将领尖在胸口中间固定好，接着将领片的中线位置在后领也固定好，均匀地分好两边的长度及针数，用钩针或者缝针将领边在衣服上固定好，最后将活线拆除。

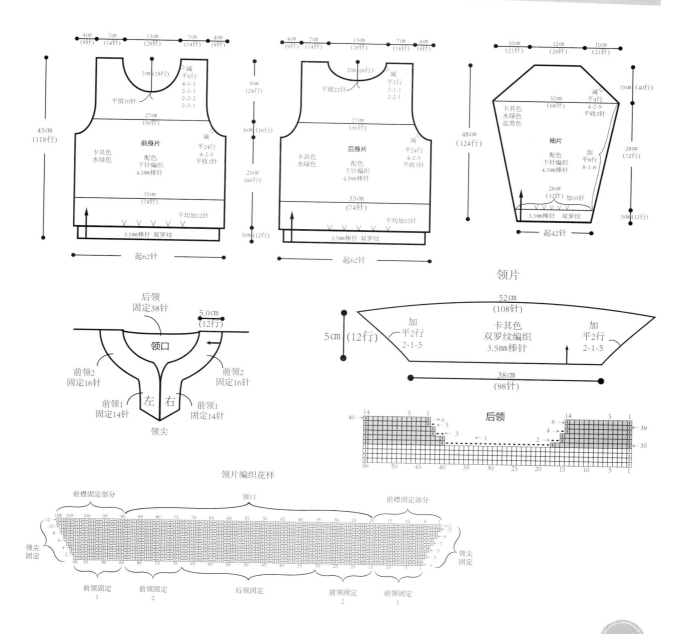

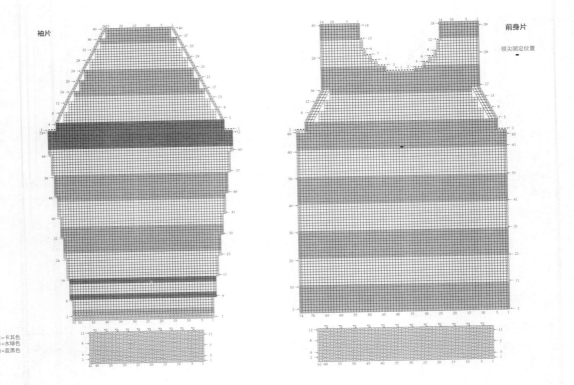

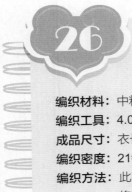

## 26 山丹丹

**编织材料:** 中粗羊毛线 白色280g、红色20g
**编织工具:** 4.0mm棒针、3.5mm棒针、3.5mm钩针
**成品尺寸:** 衣长40.5cm、胸宽31cm、袖肩宽42cm
**编织密度:** 21针×27行/10cm×10cm
**编织方法:** 此款毛衣编织的难点是图案。首先分别将前、后身片及袖片编织好并一一绣上图案,接着将前、后身片及袖片对应缝合好。缝合时注意花样对齐、平整无皱。再编织领口缘边和下摆缘边并缝合好。最后固定好装饰物。

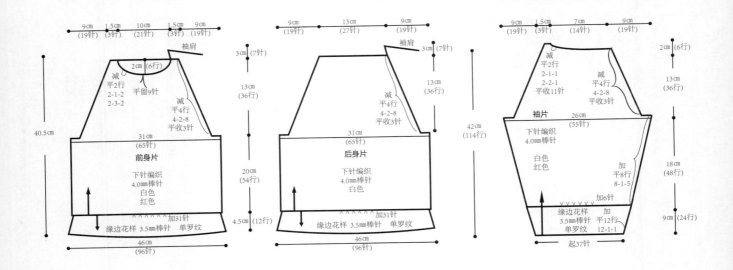

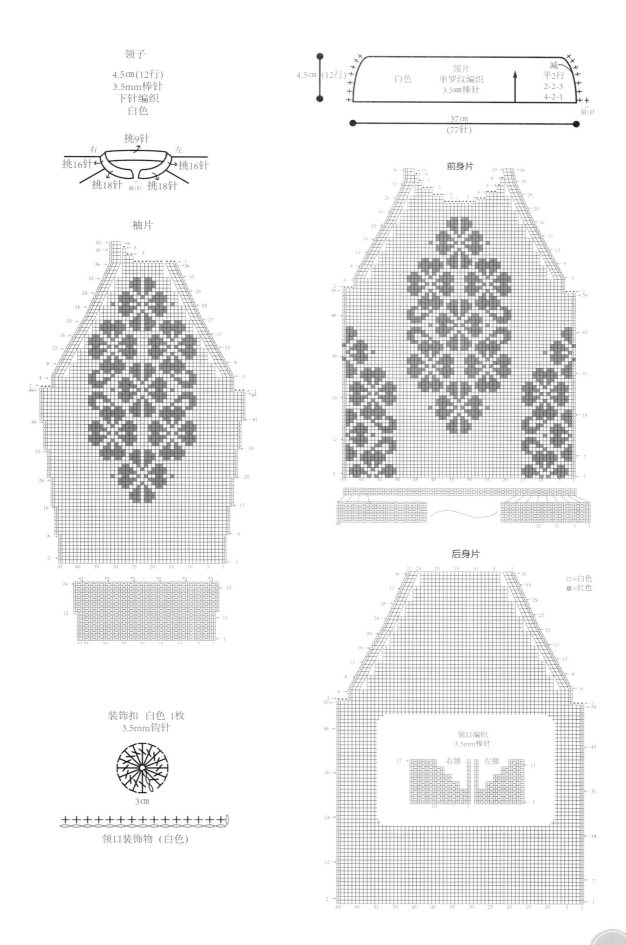

## 蝴蝶

**编织材料：** 中粗羊毛线　深棕色310g，绿色20g，黄色10g，红色10g，大红色、橙色、浅蓝色、深海蓝、海军蓝少量

**编织工具：** 3.5mm棒针、3.5mm钩针、2.75mm钩针

**编织密度：** 21针×26行/10cm×10cm

**毛衣尺寸：** 衣长44cm、胸宽32cm、肩宽24cm、袖窿14cm

**编织方法：** 此款毛衣编织的难点是下摆的缝合，要特别注意前后下摆缝合的位置。首先分别将前、后身片编织好并缝合，缝合时注意花样平整、无皱。再编织袖口缘边及领口缘边，最后将装饰线绣好，把装饰物固定好。

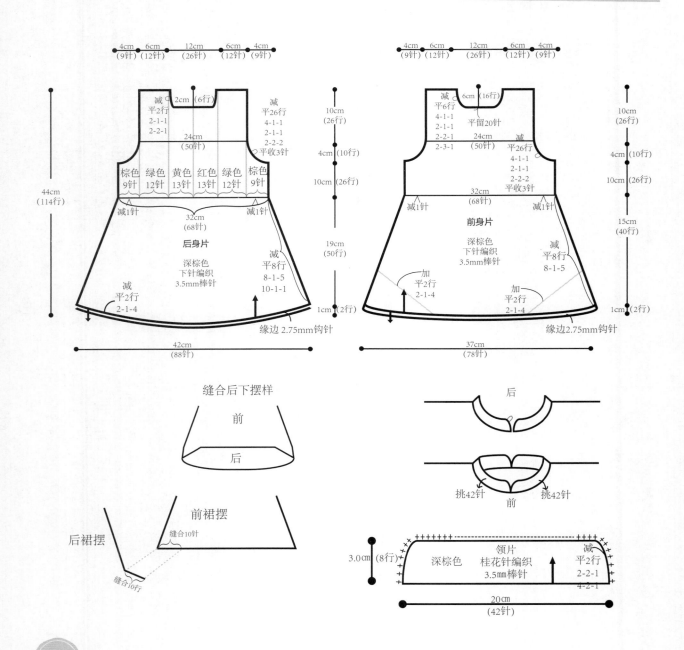

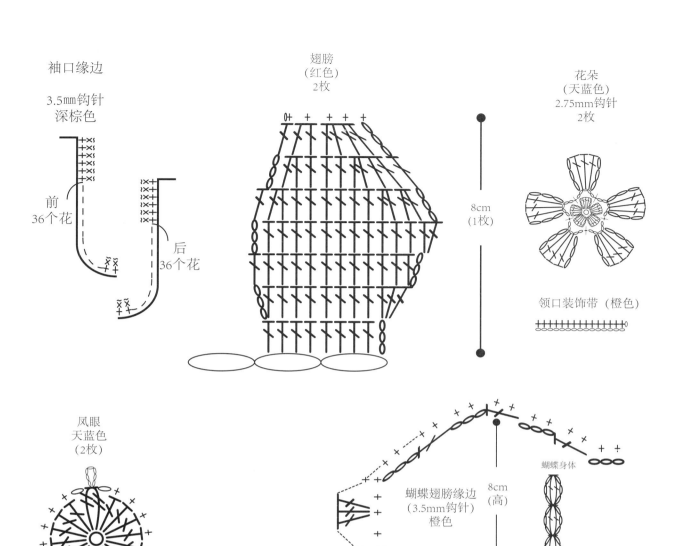

袖口缘边 3.5mm钩针 深棕色
前 36个花
后 36个花

翅膀（红色）2枚

花朵（天蓝色）2.75mm钩针 2枚

8cm（1枚）

领口装饰带（橙色）

凤眼 天蓝色（2枚）
3.5cm（直径）

蝴蝶翅膀缘边（3.5mm钩针）橙色
蝴蝶身体
8cm（高）
橙色

扣眼芯 棕色
扣眼片 橙色

领片（单幅）

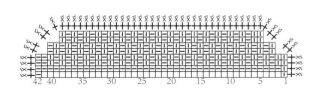

前身片

后身片

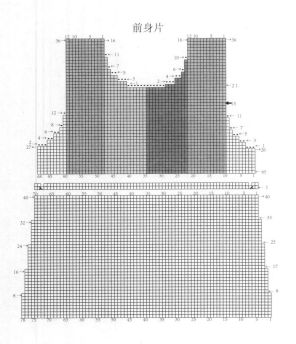
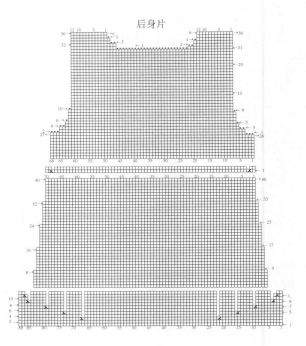

## 小家碧玉

**编织材料：** 中细羊毛线　深蓝色200g、浅棕色25g
**编织工具：** 3.0mm、3.5mm棒针，3.5mm钩针
**成品尺寸：** 衣长38cm、胸宽35cm、肩宽24cm、袖长43cm
**编织密度：** 23针×30行/10cm×10cm
**编织方法：** 此款毛衣编织的难点是领片。首先编织好前、后身片并将其缝合，接着编织好左、右袖片并将其缝合好。再编织领片及下摆缘边。最后圈编袖口缘边。

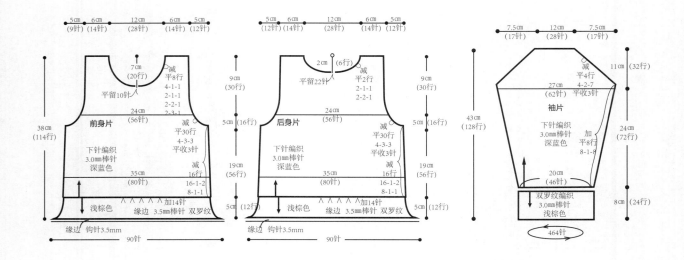

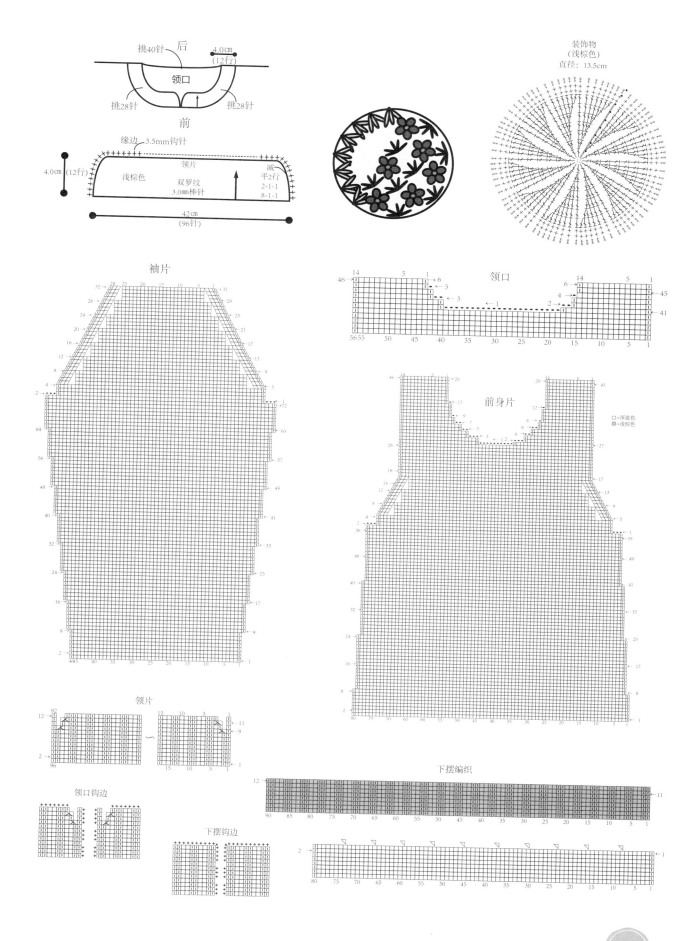

# 秋天

**编织材料：** 中粗羊毛线　棕色230g、白色100g、橙色40g
**编织工具：** 4.0mm、4.5mm棒针，3.75mm钩针
**编织密度：** 21针×26行/10cm×10cm
**毛衣尺寸：** 衣长57cm、裙摆宽51cm、胸宽33cm、肩宽25cm、袖口13cm
**编织方法：** 此款毛衣编织的难点是下裙的挑针。首先编织好前上身片，接着挑针编织前下身片。再用同样的方法编织后上及后下身片，然后将前、后身片缝合。缝合时注意花样对齐、平整。最后编织领口及袖口缘边。

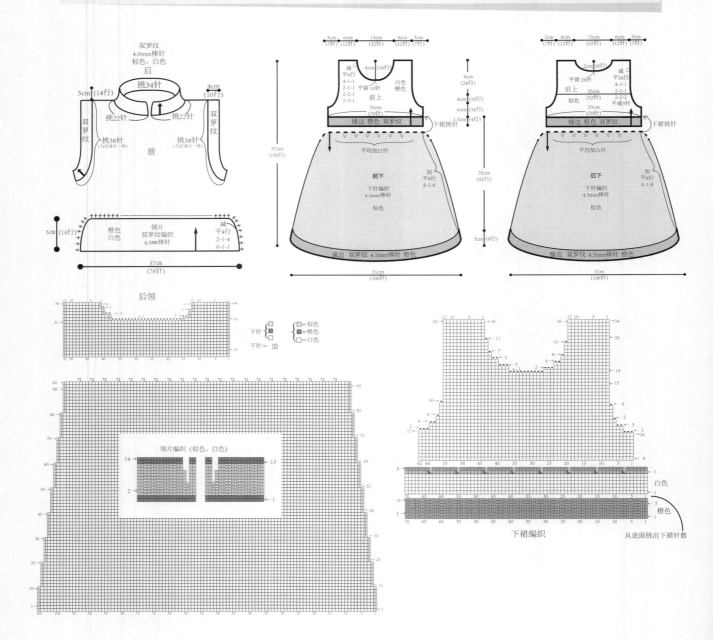

# 30 花枝

**编织材料：** 粗毛线 粉玉色120g，褐色150g，绿色、粉红色、黄色、红色、蓝黑色少量
**编织工具：** 5.0mm棒针、3.5mm钩针
**编织密度：** 17针×21行/10cm×10cm
**成品尺寸：** 衣长37cm、下摆围105cm
**编织方法：** 此款披肩编织的难点是加针，要注意加针方向。首先从领口向下编织至合适长度，注意加针的位置变化。接着换色线编织身片的下摆，注意加针位置的变化。然后编织身片的缘边，注意色线的变换。再编织领口缘边。最后将装饰物固定好。

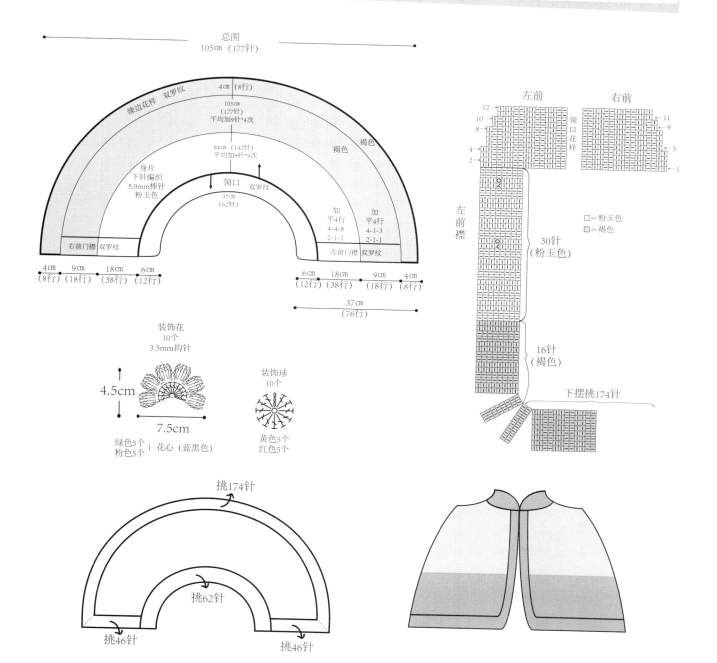

下摆编织

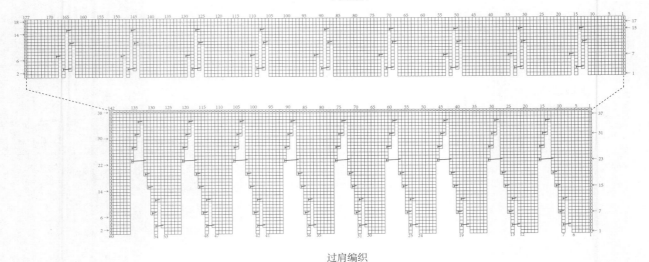

过肩编织

## 31 花之韵

**编织材料：** 中粗驼羊毛线 橙红色360g，白色、深枣红、枣红少量

**编织工具：** 4.0mm、4.5mm棒针，3.5mm钩针

**编织密度：** 22针×25行／10cm×10cm

**成品尺寸：** 衣长57.5cm、胸宽29cm、肩宽23cm、袖窿13cm

**编织方法：** 此款毛衣编织的难点是装饰花。首先分别将前身片、后身片编织好并缝合。缝合时注意花样对齐、平整。接着编织左、右袖口。再编织领口缘边及下摆缘边。最后钩好装饰线，将装饰物固定好。

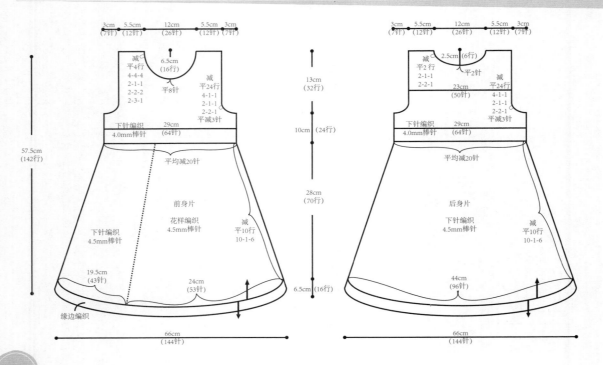

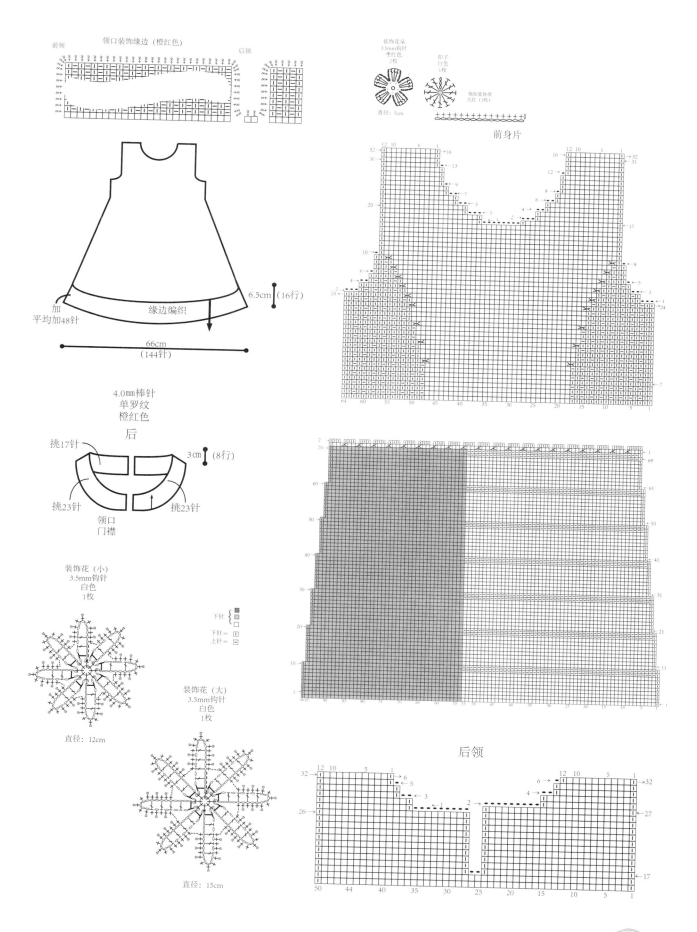

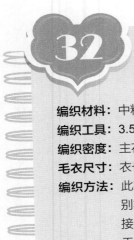

## 32 儒雅

**编织材料:** 中粗毛线 中绿色200g、浅绿色100g、果绿色少量
**编织工具:** 3.5mm、4.0mm棒针，3.5mm钩针
**编织密度:** 主花样 21针×27行/10cm×10cm
**毛衣尺寸:** 衣长42.5cm、胸宽38cm、肩宽30cm、插肩袖长47cm
**编织方法:** 此款毛衣编织的难点是前、后身片的下摆编织。注意加减针的规律及手劲的均匀。首先分别将左前、右前身片及后身片编织好并缝合，缝合时注意花样对齐、平整及边襟的分留。接着编织左、右袖片并将前、后身片在肩部并拢缝合，缝合时注意与前后身片对接平整、无皱。再编织领口及下摆缘边，最后将装饰物固定好。

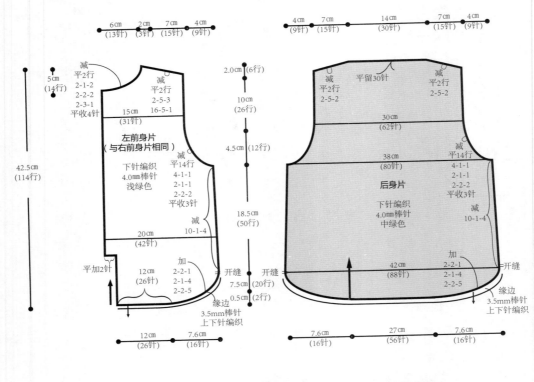

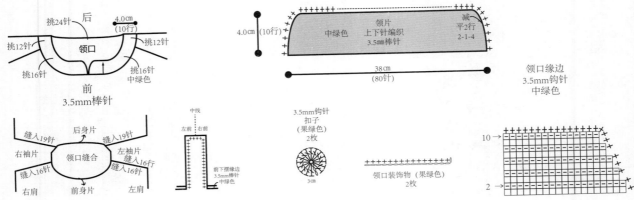

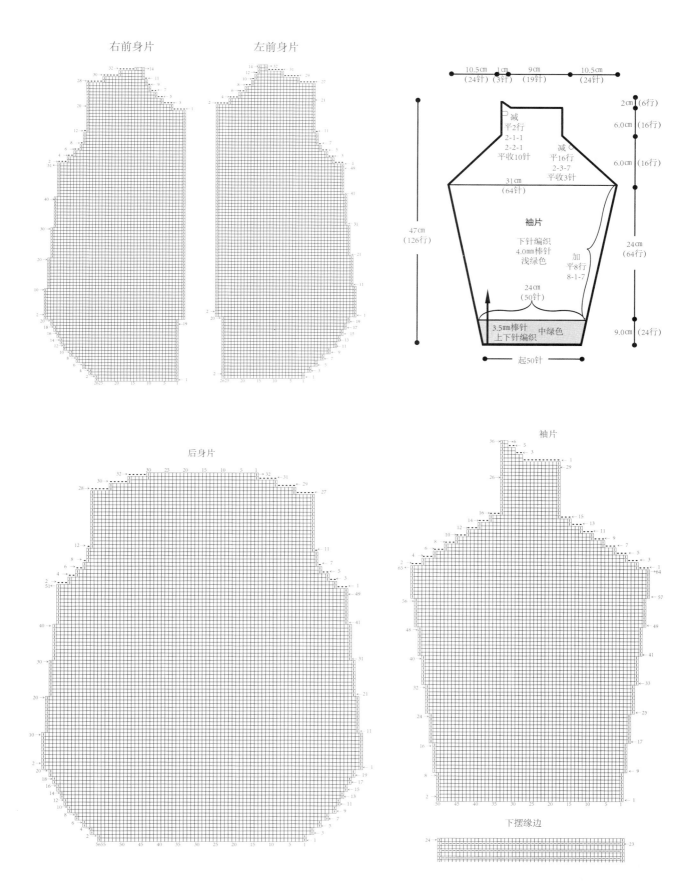

## 33 小桃

**编织材料：** 中粗棉线 玫红色250g，粉红色25g，深绿色、嫩绿色、橙色、白色、枣红色少量
**编织工具：** 4.0mm棒针、3.5mm钩针
**成品尺寸：** 衣长56.5cm、胸宽35cm、肩宽25cm、袖长34.5cm
**编织密度：** 21针×27行/10cm×10cm
**编织方法：** 此款毛衣编织的难点是领口及针绣。首先分别将前、后身片编织好并缝合，缝合时注意花样对齐、平整。接着编织好左、右袖片并缝合，注意花样对齐、平整无皱。再编织领口缘边和袖口缘边，最后将装饰物固定好及将装饰线绣好。

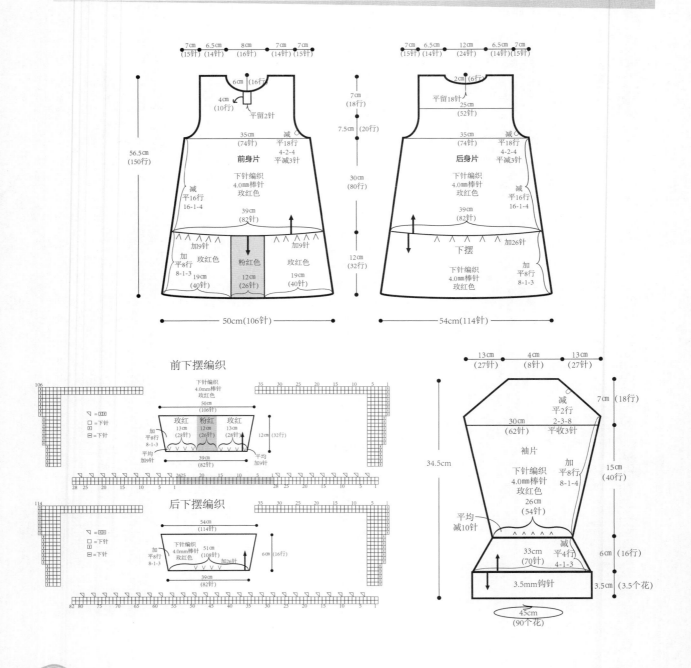

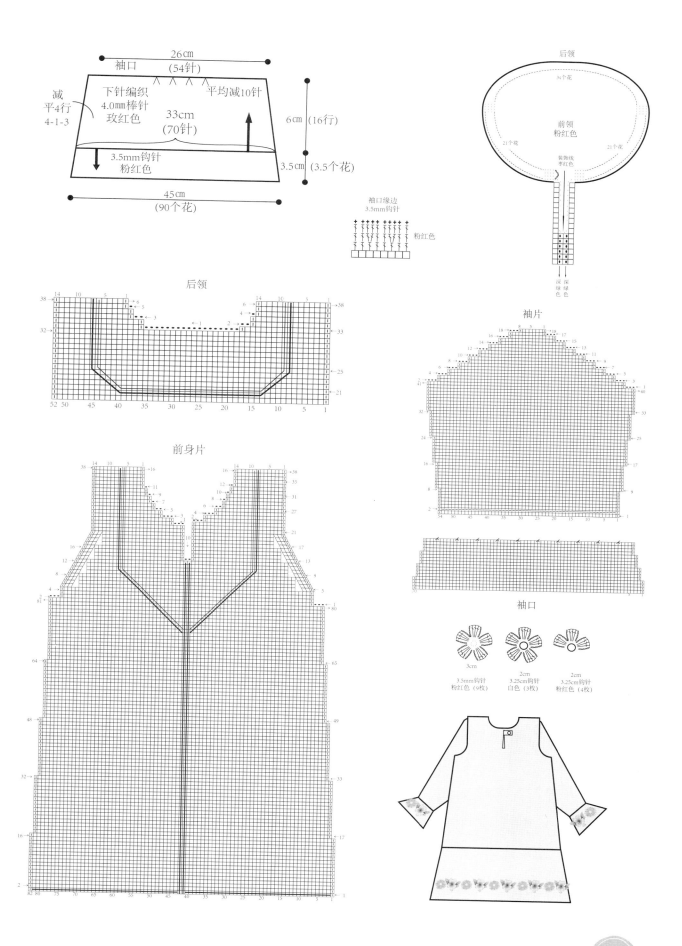

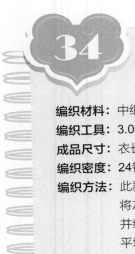

# 34 小师兄

**编织材料：** 中细羊毛线　卡其色250g、枣红色10g、海蓝色10g
**编织工具：** 3.0mm、3.5mm棒针
**成品尺寸：** 衣长35.5cm、胸宽34cm、袖肩宽40.5cm
**编织密度：** 24针×32行/10cm×10cm
**编织方法：** 此款毛衣编织的难点是左前、右前门襟的编织，要注意花样及色线变换的规律。首先分别将左前、右前及后身片编织好并缝合，缝合时注意花样对齐、平整。接着编织左、右袖片并缝合，缝合时注意花样对齐、平整。再编织左、右前门襟，注意花样及渡线松紧适当、平坦无皱。最后编织领口缘边。

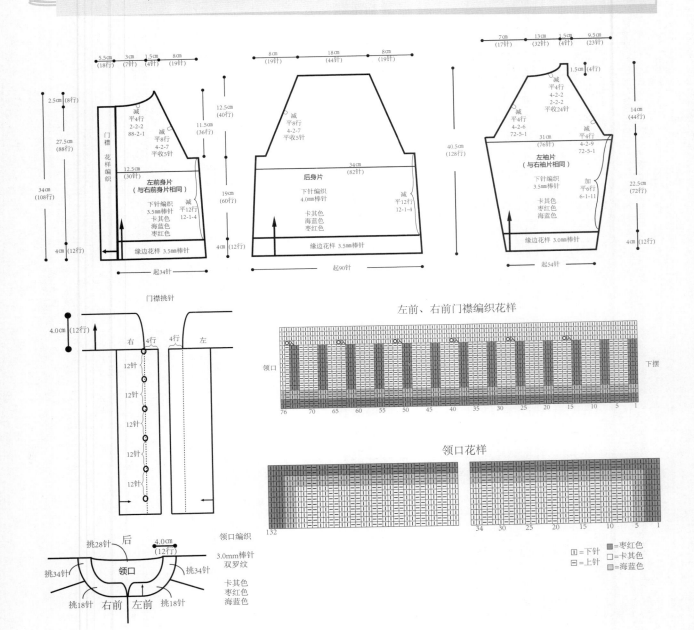

后身片

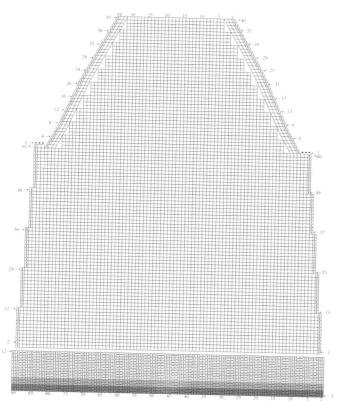

右前身片  左前身片

袖片

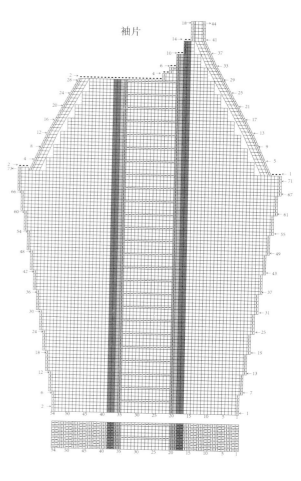

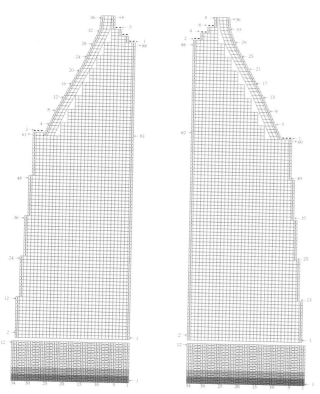

## 35 波澜

**编织材料：** 卡其色280g，红色、海青色、灰白色、深蓝色少量
**编织工具：** 3.0mm、4.0mm棒针，3.5mm钩针
**编织密度：** 主花样 21针×27行/10cm×10cm
**毛衣尺寸：** 衣长33.5cm、胸宽33cm、肩宽27cm、插肩袖长36.5cm
**编织方法：** 此款毛衣编织的难点是下摆装饰花样的编织及固定。首先分别将前身片、后身片编织好并缝合，缝合时注意花样对齐、平整。接着编织左、右袖片并将前、后身片在肩部并拢缝合，缝合时注意与前后身片对接平整、无皱。再接着编织领口缘边，跟着编织装饰物并将其在前后身片及袖口固定好。
**小窍门：** 先用活线将装饰物固定好位置，接着用钩针均匀地把缘边钩在衣服上。

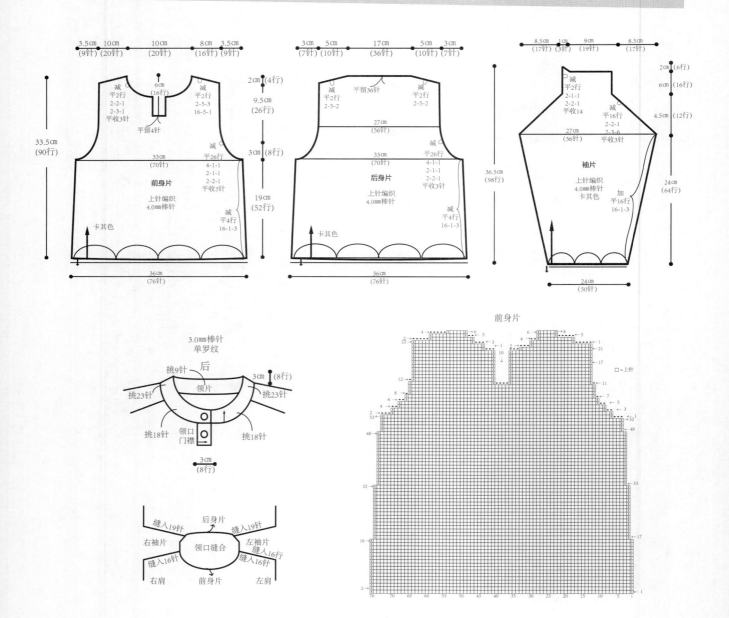

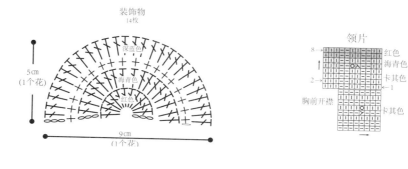

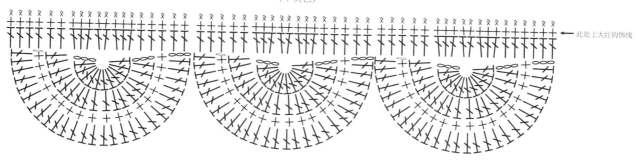

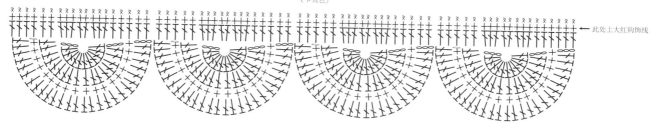

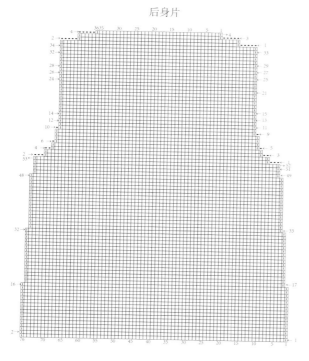

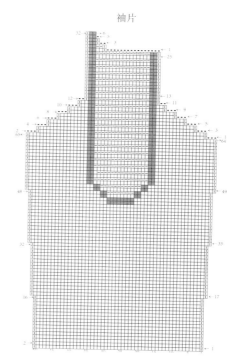

# 36 花边

**编织材料：** 中粗羊毛线 中灰色300g，深棕色、橙红色少量
**编织工具：** 3.5mm棒针、4.0mm棒针、3.75mm钩针、3.5mm钩针
**编织密度：** 23针×31行/10cm×10cm
**成品尺寸：** 衣长41.5cm、过肩周长136cm、胸宽31cm、袖长25cm
**编织方法：** 此款毛衣编织的难点是过肩。要注意加针及图案的规律。首先从领口开始向下编织至过肩的高度，接着分别挑出前、后身片继续向下编织好后并缝合。再编织好左、右袖片并缝合，注意花样对齐、平整。然后编织领口缘边，最后编织装饰线。

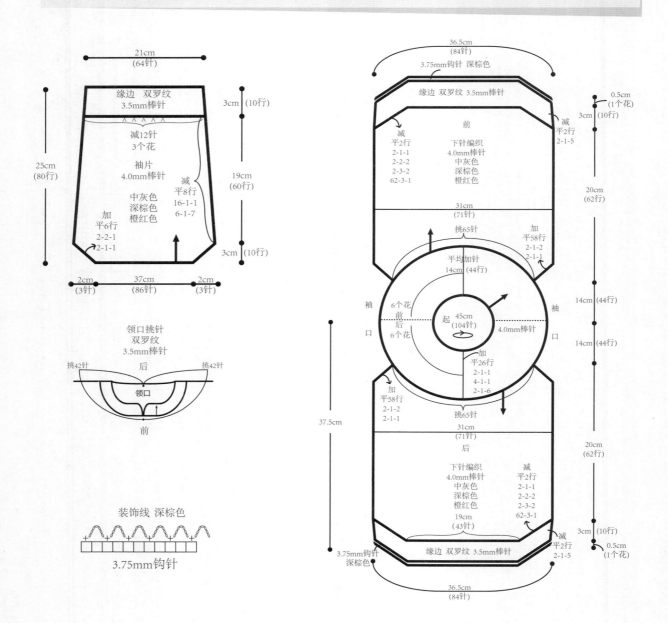

袖片

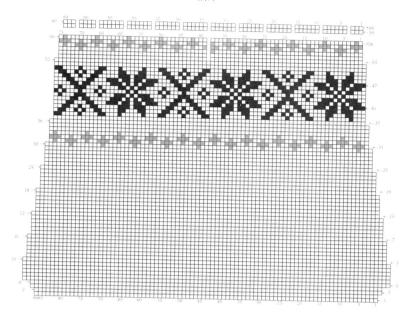

领口编织

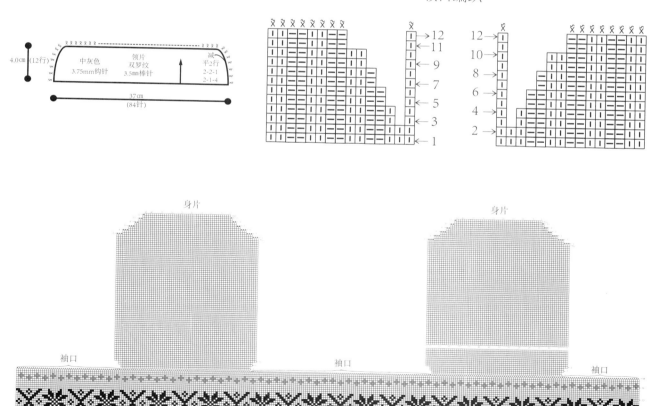

# 织秋

**编织材料：** 中粗羊毛线　黄色170g，深卡其20g，粉红色、水绿色、桃红色、深枣红、橙红色少量
**编织工具：** 3.5mm棒针、4.0mm棒针、3.5mm钩针
**编织密度：** 21针×26行/10cm×10cm
**毛衣尺寸：** 衣长38.5cm、胸宽31cm、肩宽23cm、袖口15cm
**编织方法：** 此款毛衣编织的难点是图案，要注意渡线均匀、花样平坦无皱。首先分别将前、后身片编织好并缝合，缝合时注意花样对齐、平整及下摆开缝的位置。接着编织左、右袖口。再编织领口缘边，用色线钩编袖口、领口及下摆的装饰线。最后将装饰花朵固定好。

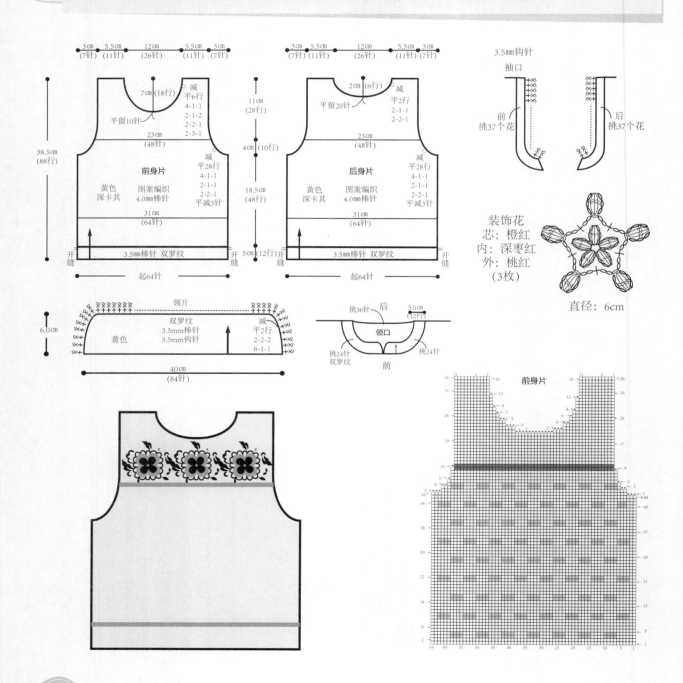

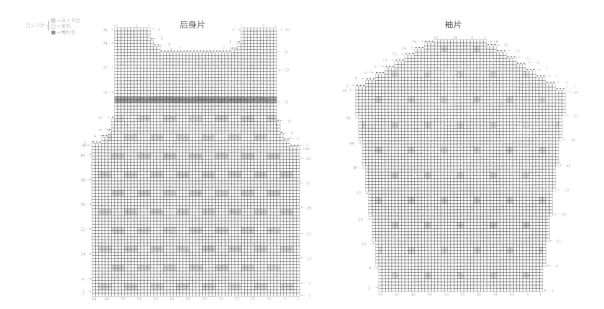

## 向上

**编织材料：** 中细羊毛线　深卡其250g，枣红40g，黑色10g，橙红、深蓝、蓝灰色少量
**编织工具：** 3.5mm棒针、4.0mm棒针、3.5mm钩针
**编织密度：** 21针×27行/10cm×10cm
**毛衣尺寸：** 衣长37.5cm、胸宽36cm、肩宽27cm、袖长36.5cm
**编织方法：** 此款毛衣编织的难点是图案，注意色线互换时手劲的松紧及渡线均匀。首先分别将前、后身片编织好并缝合，缝合时注意花样对齐、平整。接着编织左、右袖片并缝合，再编织领口缘边。最后钩编装饰物并将其固定好。

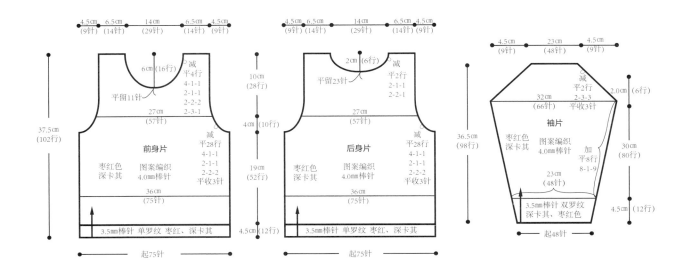

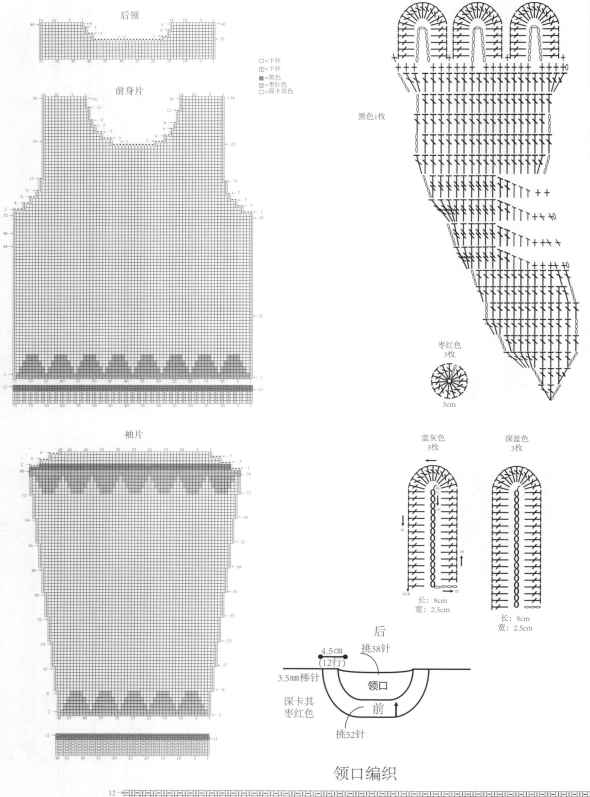

# 摇篮

**编织材料：** 中细腈毛线 灰色140g、蓝黑色100g、绿色少量
**编织工具：** 3.5mm棒针、4.5mm棒针
**成品尺寸：** 衣长52cm、胸宽36cm、肩宽26cm、袖口16cm
**编织密度：** 22针×26行/10cm×10cm
**编织方法：** 此款毛衣编织的难点是图案，要注意手劲松紧适当、渡线均匀。首先分别将前、后身片编织好并缝合。接着编织左、右袖口，然后编织领口缘边。最后编织下摆花样。

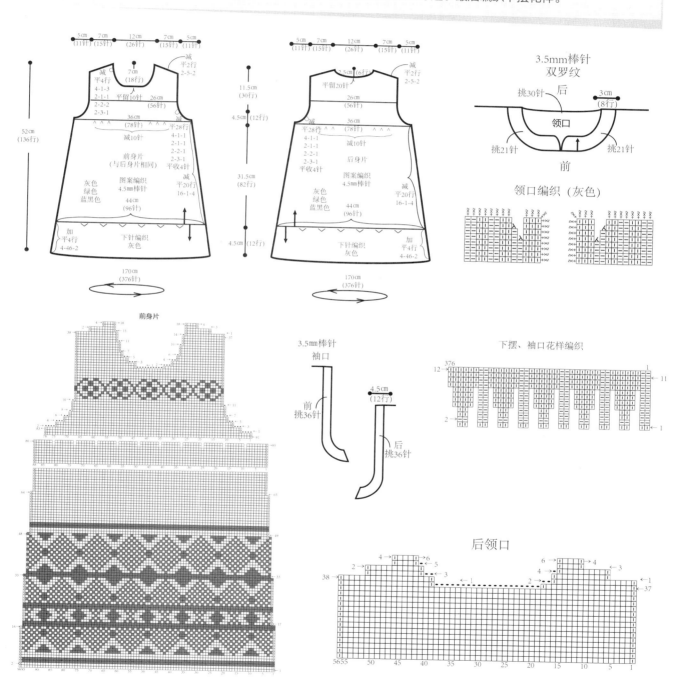

# 朱玉

**编织材料：** 中细羊毛线 紫红色160g、枣红色20g、黄色少量
**编织工具：** 3.5mm棒针、3.75mm钩针
**成品尺寸：** 衣长40.5cm、胸宽31cm、肩宽22cm、袖口13cm
**编织密度：** 23针×31行/10cm×10cm
**编织方法：** 此款毛衣编织的难点是前领的编织与缝合。首先分别将右前身片及后身片编织好并缝合，接着编织左前身片并将其与后身片缝合。再沿着右前身片至左前身片的领口处挑出领口门襟的针数进行编织，并在编织好后与右前身片缝合好。然后编织衣服的下摆缘边。再编织袖口缘边并将装饰线钩好。最后将装饰物固定好。

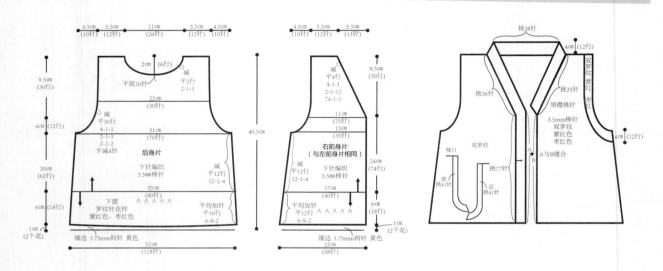

### 后下摆花样

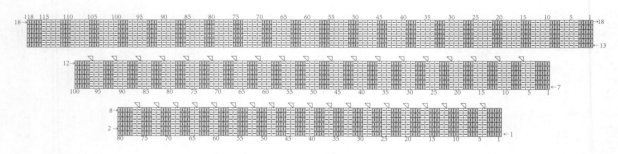

### 左、右前身片下摆花样

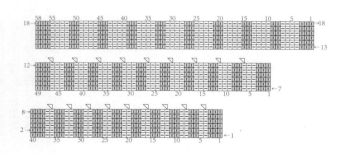

装饰花
黄色
(1枚)

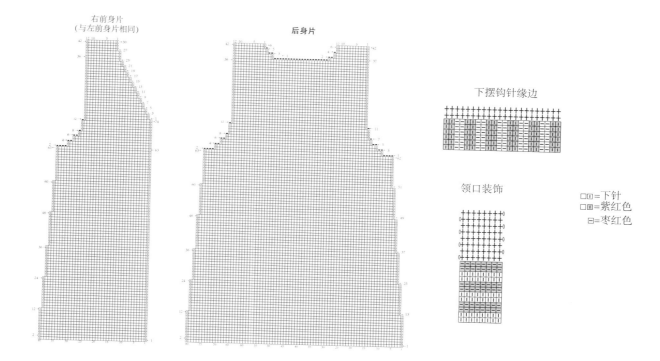

## 小青龙

**编织材料：** 中粗羊毛线 黄色240g、深卡其色40g、红色20g、白色和黑色、绿色少量

**编织工具：** 3.5mm、4.0mm棒针，3.0mm钩针

**编织密度：** 主花样 21针×25行/10cm×10cm

**毛衣尺寸：** 衣长42.5cm、胸宽37cm、肩宽28cm、插肩袖长51.5cm

**编织方法：** 此款毛衣编织的难点是下摆开襟处的编织。首先分别将左前、右前身片及后身片编织好并缝合，缝合时注意花样对齐、平整及边襟的分留。接着编织左、右袖片并将前、后身片在肩部并拢缝合，再编织领口缘边，最后编织装饰物并将其固定好。

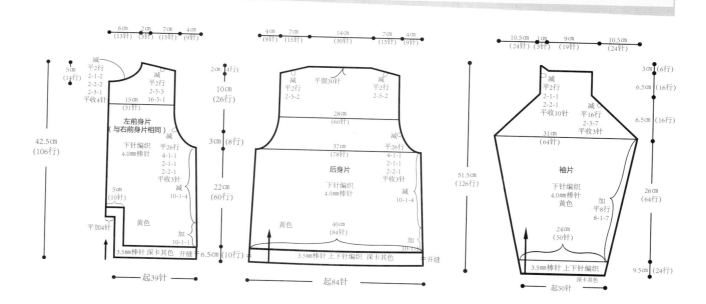

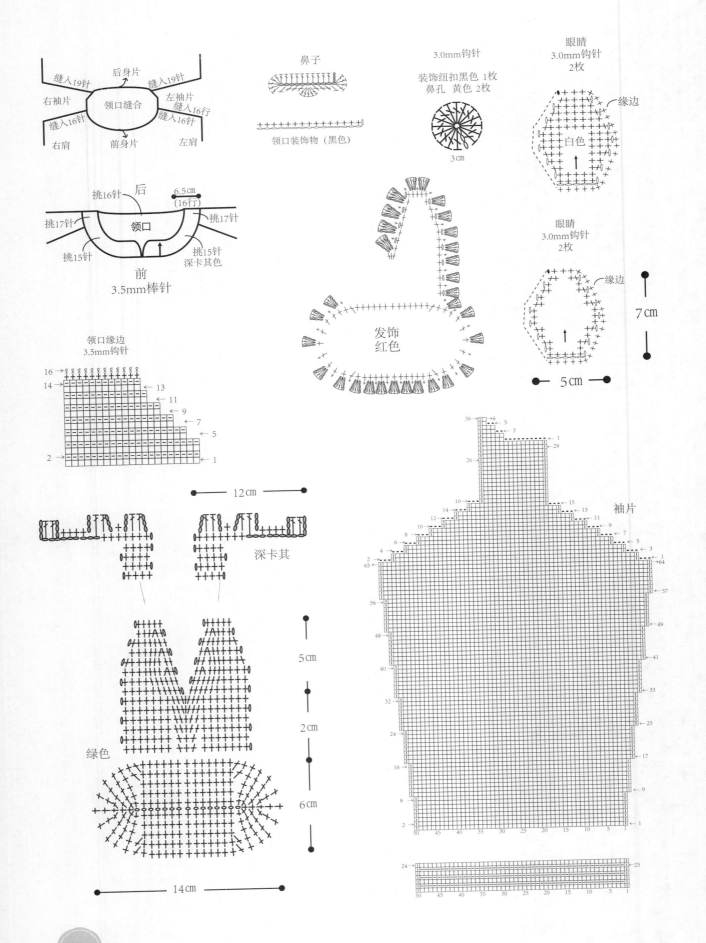

## 阿郎

**编织材料：** 中粗羊毛线 蓝色40g、砖红色40g、草绿色25g、卡其色25g、浅草绿100g
**编织工具：** 3.5mm棒针、4.0mm棒针、3.5mm钩针
**编织密度：** 21针×27行/10cm×10cm
**毛衣尺寸：** 衣长37cm、胸宽27cm、肩宽21cm、袖口17cm
**编织方法：** 此款毛衣编织的难点是编织方法，注意加减针的位置及规律。首先编织前、后身片并缝合好（注意旁襟位置的预留），接着编织领口及袖口缘边。最后将装饰物固定好。

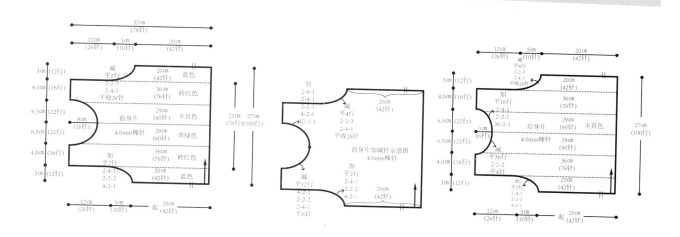

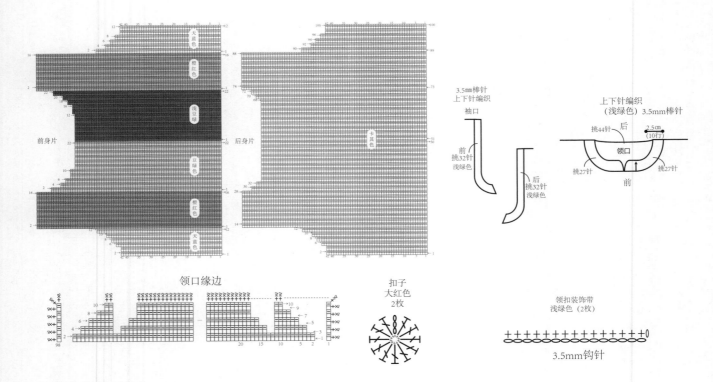

## 43 吉祥花

**编织材料：** 中细羊毛线 浅灰色130g、深棕色20g、大红色少量
**编织工具：** 3.0mm棒针、3.5mm棒针
**成品尺寸：** 衣长32cm、胸宽30cm、袖肩长19cm
**编织密度：** 25针×34行/10cm×10cm
**编织方法：** 此款毛衣编织的难点是图案，可以与色线同时编织也可编织好身片后绣上。首先分别将前、后身片编织好并缝合，接着编织左、右袖片并缝合，最后编织领口缘边。

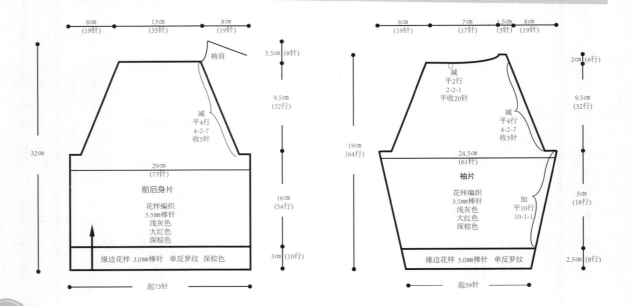

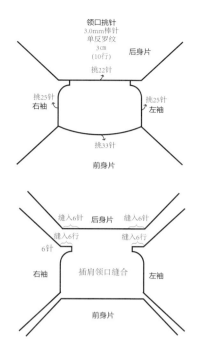

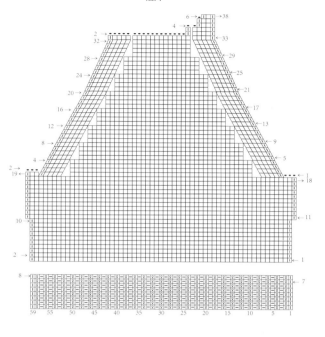

袖片

后身片

前身片

缘边花样

## 44 侧面

**编织材料：** 中粗羊毛线　褐色80g、大红10g、枣红色20g、深棕色40g、棕色10g、深绿色少量

**编织工具：** 3.5mm棒针、4.0mm棒针

**编织密度：** 下针花样：21针×27行/10cm×10cm

**毛衣尺寸：** 衣长40cm、胸宽37cm、肩宽28cm、袖口17cm

**编织方法：** 此款毛衣编织的难点是编织方法，注意加减针的位置及规律。首先编织前、后身片并缝合好，接着编织领口、下摆及袖口缘边。

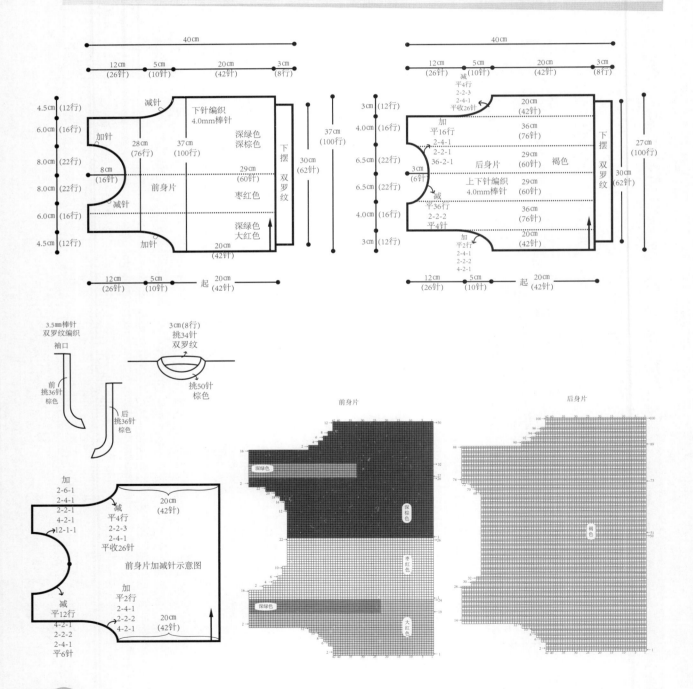

# 海涛

**编织材料：** 中粗羊毛线　卡其色210g、蓝黑色15g、海蓝色15g
**编织工具：** 4.0mm棒针、3.5mm钩针
**编织密度：** 21针×27行/10cm×10cm
**毛衣尺寸：** 衣长36cm、胸宽32cm、肩宽26cm、袖口14cm
**编织方法：** 此款毛衣编织的难点是下摆、领口装饰片、袖口的图案，注意色线互换时手劲的松紧及渡线均匀。首先分别将前、后身片编织好并缝合，缝合时注意花样对齐、平整。接着编织领口装饰片，再编织左、右袖口缘边及领口缘边，最后编织下摆。

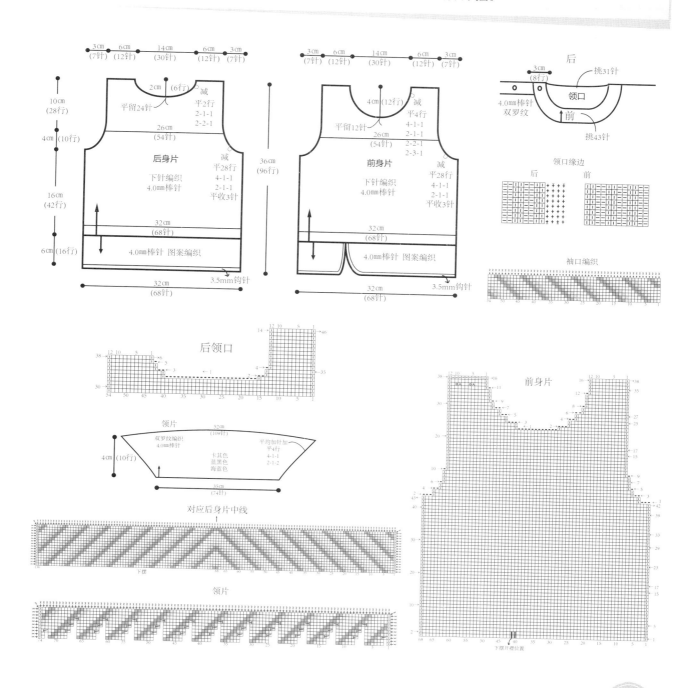

# 春天里的阳光

**编织材料：** 中细羊毛线 浅灰色200g、橙色30g、海青色20g
**编织工具：** 3.5mm棒针、4.0mm棒针
**编织密度：** 21针×27行/10cm×10cm
**毛衣尺寸：** 衣长38cm、胸宽33cm、肩宽25cm、袖长39cm
**编织方法：** 此款毛衣编织的难点是前身片下摆缘边编织，注意色线互换时手劲的松紧及加减针的规律。首先分别将前、后身片编织好并缝合，缝合时注意花样对齐、平整。接着编织左、右袖片并缝合，缝合时注意花样对齐、平整。然后编织领口缘边，最后编织前身片下摆缘边花样。

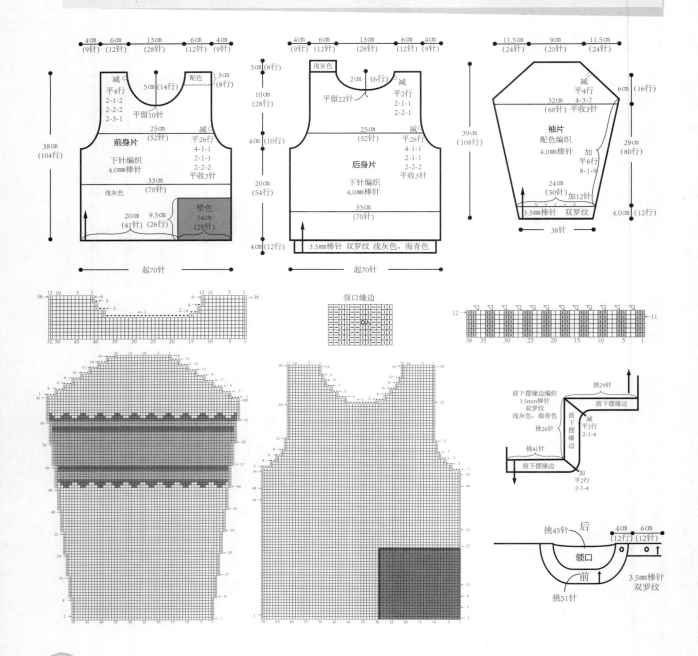

# 菱形

**编织材料：** 中细羊毛线　灰白色200g、海蓝色25g、粉橙色少量
**编织工具：** 3.5mm棒针、4.0mm棒针
**编织密度：** 21针×27行/10cm×10cm
**毛衣尺寸：** 衣长37cm、胸宽36cm、肩宽27cm、袖长37cm
**编织方法：** 此款毛衣编织的难点是花样，特别要注意色线互换时手劲的松紧及渡线均匀。首先分别将左前、右前身片编织好并缝合，接着编织后身片并与前身片缝合，再编织左、右袖片并缝合，编织领口缘边。最后绣好装饰花样。

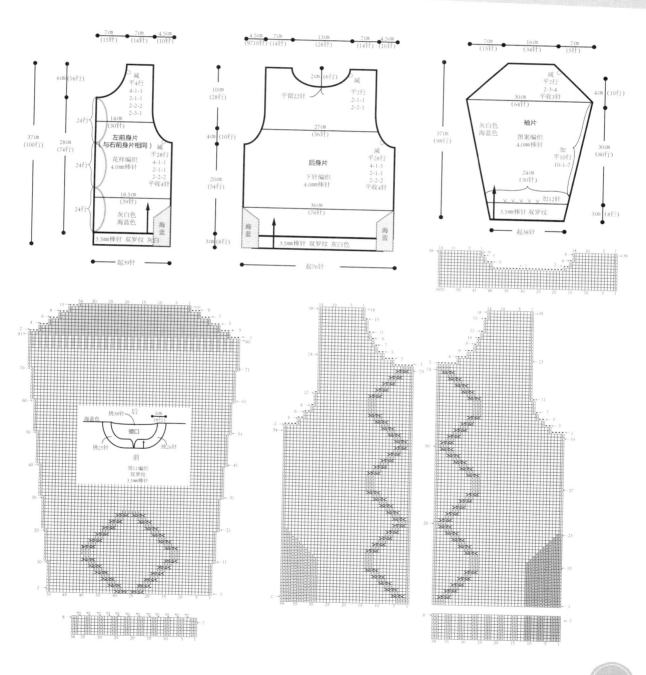

# 金鱼

**编织材料：** 中粗羊驼毛　红色175g，白色170g，橙色、蓝色、黄色、枣红色少量
**编织工具：** 4.0mm棒针、3.5mm棒针、3.5mm钩针
**成品尺寸：** 衣长43cm、胸宽35cm、袖肩宽46cm
**编织密度：** 21针×26行/10cm×10cm
**编织方法：** 此款毛衣编织的难点是装饰物。首先分别将前、后身片编织好并缝合。接着编织左、右袖片并缝合。再编织领口缘边，最后编织装饰物并固定好。

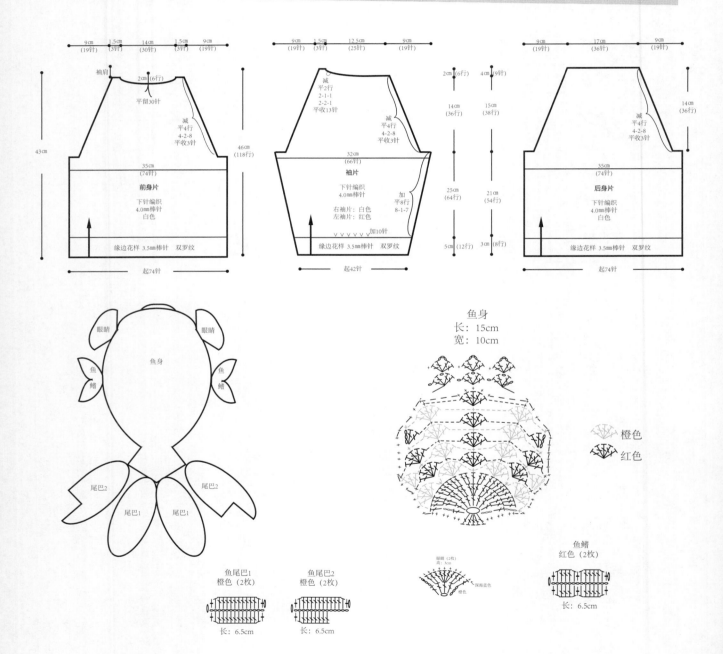

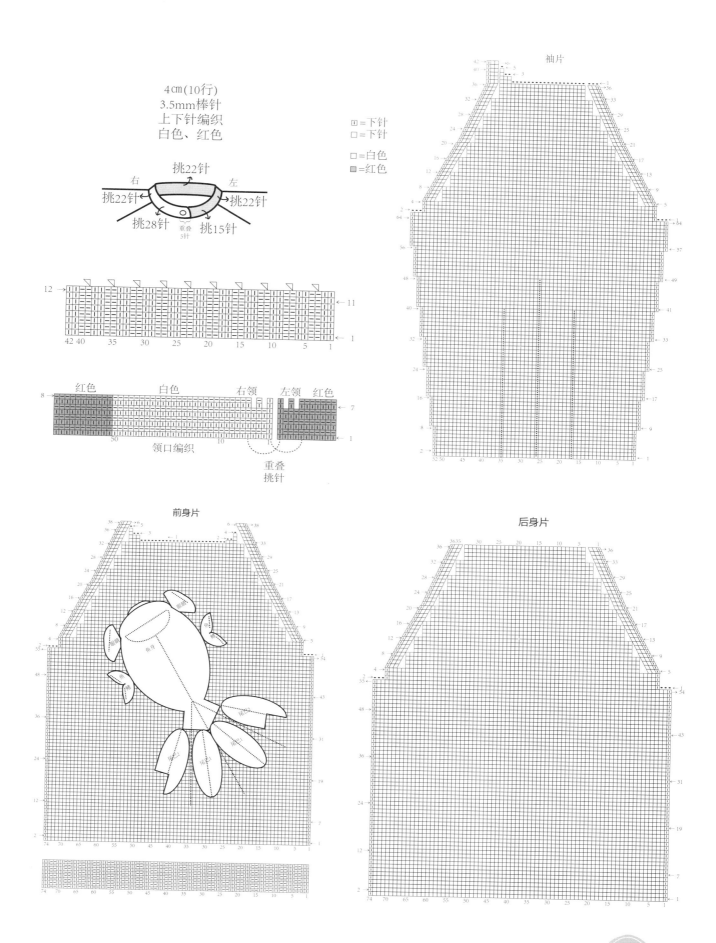

# 49 火鸟

**编织材料**：中细羊毛线 深蓝色240g、玫红色10g、大红色10g、天蓝色20g
**编织工具**：3.5mm棒针、4.0mm棒针、3.5mm钩针
**编织密度**：21针×27行/10cm×10cm
**毛衣尺寸**：衣长38.5cm、胸宽36cm、肩宽27cm、袖长36cm
**编织方法**：此款毛衣编织的难点是图案，注意色线互换时手劲的松紧及渡线均匀。首先分别将前、后身片编织好并缝合，缝合时注意花样对齐、平整。接着编织左、右袖片并缝合，再编织肩舌、领口。最后钩编领口、边襟、下摆、肩舌缘边花样。

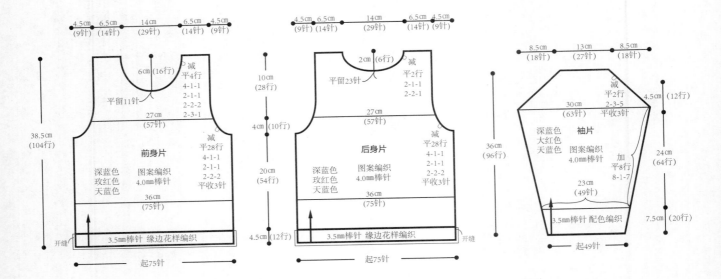

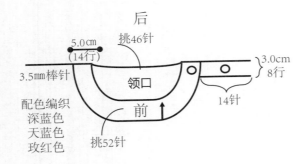

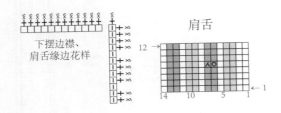

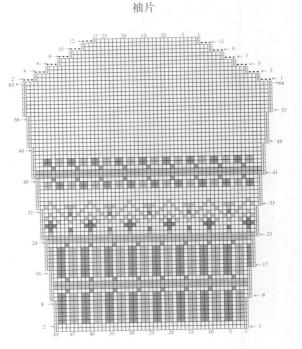

袖片

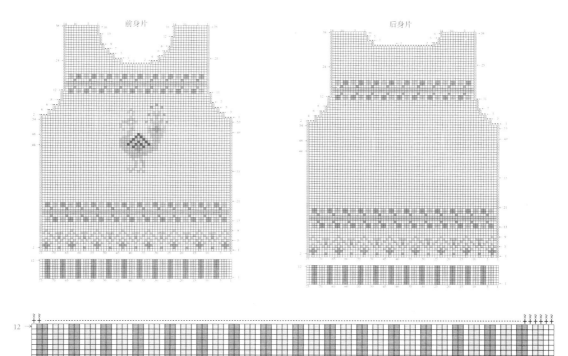

## 50 唐风

**编织材料：** 中细羊毛线　深藕色280g、海蓝色10g、灰白色10g、橙色少量
**编织工具：** 3.5mm棒针、4.0mm棒针、3.5mm钩针
**编织密度：** 21针×27行/10cm×10cm
**毛衣尺寸：** 衣长38.5cm、胸宽35cm、肩宽27cm、袖长40cm
**编织方法：** 此款毛衣编织的难点是花样，特别要注意色线互换时手劲的松紧及渡线均匀。首先分别将前、后身片编织好并缝合，缝合时注意花样对齐、平整。接着编织左、右袖片并缝合，再编织领口缘边。最后绣好装饰花样。

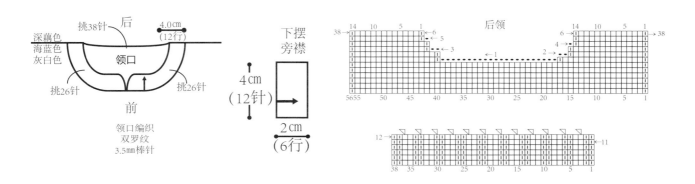

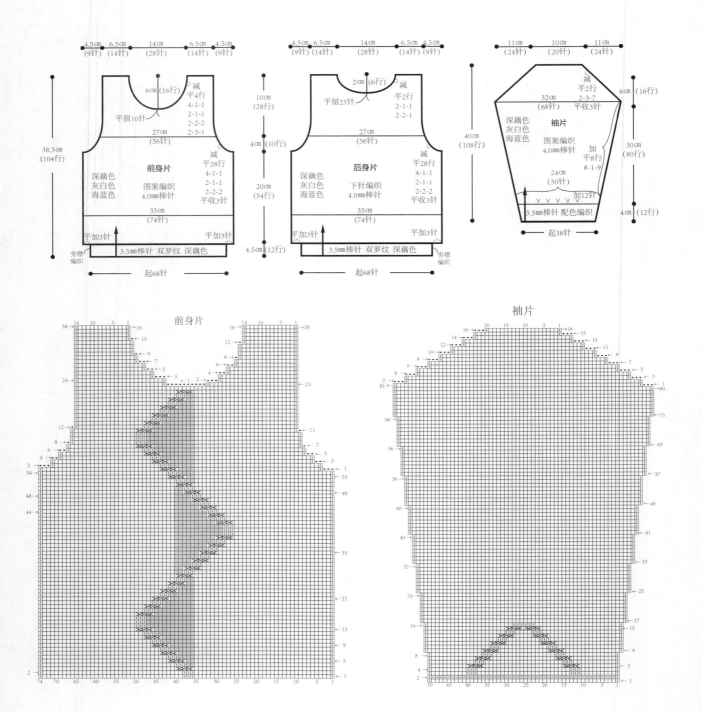
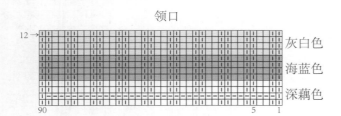

# 编织符号

## 棒 针

| 符号 | 名称 |
|---|---|
| \| | 下针（正针） |
| — | 上针（反针） |
| ○ | 镂空针（挂针） |
| Q | 扭针 |
| 入 | 右上2针并1针 |
| 人 | 左上2针并1针 |
| 个 | 中上3针并1针 |
| 朩 | 右上3针并1针 |
| 朩 | 左上3针并1针 |
| ↑↑↑3 | 3针3行的枣形针 |
| ✕ | 右上1针交叉 |
| ✕ | 左上1针交叉 |
| ✕✕ | 右上2针交叉 |
| ✕✕ | 左上2针交叉 |
| ✕✕✕ | 左上3针交叉 |

## 钩 针

| 符号 | 名称 |
|---|---|
| ○ | 锁针（辫子针） |
| ✚ | 短针 |
| T | 中长针 |
| ╤ | 长针 |
| ╤ | 长长针 |
| ╤ | 3卷长针 |
| ⌒ | 狗牙针 |
| ⋀ | 长针3针并1针 |
| ⬮ | 长针3针的枣形针 |
| V | 1针分2针长针 |
| W | 1针分3针长针 |
| W | 1针分4针长针 |
| ⩔ | 1针分4针长针（间夹1针锁针） |
| ʃ | 外钩长针 |
| ʅ | 内钩长针 |

图书在版编目（CIP）数据

超炫民族风儿童毛衣 / 李意芳著. －－北京：中国纺织出版社，2017.10

（小不点巧打扮系列）

ISBN 978－7－5180－3750－6

I. ①超… II. ①李… III. ①童服－毛衣－编织－图集 IV. ①TS941.763.1-64

中国版本图书馆CIP数据核字（2017）第155170号

---

责任编辑：阮慧宁　　　责任印制：储志伟
装帧设计：水长流文化

中国纺织出版社出版发行
地址：北京市朝阳区百子湾东里A407号楼　邮政编码：100124
销售电话：010－67004422　传真：010－87155801
http：// www.c-textilep.com
E-mail: faxing@c-textilep.com
中国纺织出版社天猫旗舰店
官方微博http：// weibo.com/2119887771
北京华联印刷有限公司印刷　各地新华书店经销
2017年10月第1版第1次印刷
开本：889×1194　1/16　印张：7.5
字数：96千字　定价：36.00元

---

凡购本书，如有缺页、倒页、脱页，由本社图书营销中心调换